就业技能培训新模式教材

中式烹调

主　编：刘雪峰　温宝莉

编　者：徐立文　林国明　赵洋　吴培培　孙菁一　李艳丽
尹迎新

审　稿：宋少玲

中国劳动社会保障出版社

图书在版编目（CIP）数据

中式烹调 / 刘雪峰，温宝莉主编. -- 北京：中国劳动社会保障出版社，2024

就业技能培训新模式教材

ISBN 978-7-5167-6259-2

Ⅰ. ①中…　Ⅱ. ①刘…②温…　Ⅲ. ①中式菜肴-烹饪-职业培训-教材　Ⅳ. ①TS972.117

中国国家版本馆 CIP 数据核字（2024）第 029893 号

中国劳动社会保障出版社出版发行

（北京市惠新东街 1 号　邮政编码：100029）

*

河北品睿印刷有限公司印刷装订　　新华书店经销

880 毫米 ×1230 毫米　32 开本　6.625 印张　157 千字

2024 年 8 月第 1 版　　2024 年 8 月第 1 次印刷

定价：20.00 元

营销中心电话：400-606-6496

出版社网址：http://www.class.com.cn

Preface 前言

为深入实施人才强国战略、就业优先战略，健全完善终身职业技能培训体系，探索“互联网＋职业技能培训”新形态，不断加强职业培训教材与数字资源供给，有效提高培训质量，满足开展就业技能培训需要，特别是开展线上线下混合模式职业技能培训的需要，中国劳动社会保障出版社组织编写了就业技能培训新模式教材。在教材的组织编写过程中，以就业技能需求为依据，贯彻“以就业为导向，以技能为核心”的理念，并力求使教材具有以下特点：

精。教材内容以就业必备技能为主线，按照说明书的方式编写，精选就业岗位操作必备的知识和技能，满足就业技能培训的需要，让学员在短期内掌握岗位所需技能，顺利上岗。

融。教材以纸数融合为特色，将数字化资源与教学内容有机融合，学员不仅可以按照教材内容一步步掌握知识和技能，还可以通过扫描二维码反复观看操作技能实例视频等数字资源，便于直观学习理解，逐步提高技能水平。

易。对教材内容的呈现形式进行了精心设计，采用图表、色彩等多元化的呈现形式，同时还设置了“注意事项”“小贴士”等多个小栏目，以使内容更加丰富且易于理解。

就业技能培训新模式教材的编写是一项探索性工作，由于时间紧迫，不足之处在所难免，欢迎各使用单位及个人对教材提出宝贵意见和建议，以便教材修订时补充更正。

Contents 目录

模块一

餐饮行业职业守则

职业守则是从业人员在生产经营活动中恪守的行为规范。餐饮行业职业守则包括：忠于职守，爱岗敬业；讲究质量，注重信誉；遵纪守法，讲究公德；尊师爱徒，团结协作；精益求精，追求极致；积极进取，开拓创新。具体内容如下。

一、忠于职守，爱岗敬业

忠于职守，就是要把自己职责范围内的事情做好，合乎质量标准和规范要求，能完成应承担的任务。爱岗就是热爱自己的工作岗位，热爱本职工作；敬业就是用一种恭敬严肃的态度对待自己的工作。

二、讲究质量，注重信誉

质量即产品标准，讲究质量就是要求餐饮业从业人员在生产加工产品的过程中必须做到一丝不苟、精雕细琢、精益求精，避免一切可以避免的问题。信誉即信用和名誉。注重信誉可以理解为以品牌创声誉，以质量求信誉，竭尽全力打造品牌，赢得信誉。

三、遵纪守法，讲究公德

遵纪守法是指每个从业人员都要遵守纪律和法律，尤其要遵守职业纪律和与职业活动相关的法律法规。公德即公共道德，广义上可以理解为做人的行为准则和行为规范。

四、尊师爱徒，团结协作

尊师爱徒是指晚辈、徒弟要谦逊，尊敬长者和师傅，师傅要指导、关爱晚辈、徒弟，即人与人之间平等友爱、相互尊重。团结协作是从业人员之间和企业集体之间关系的重要道德规范，是指顾全大局、友爱亲善、真诚相待、平等尊重，部门之间、同事之间相互支持、合作，共同发展。

五、精益求精，追求极致

精益求精和追求极致是指为了追求完美，坚持工匠精神，在工作中不放松对自己的要求，以更饱满的精神状态、更踏实的工作作风、更精细的工作态度做好每一项工作，“干一行爱一行、专一行精一行”，在工作中永远追求完美无缺。

六、积极进取，开拓创新

积极进取即不懈不怠，追求发展，争取进步。开拓创新是指人们为了发展的需要，运用已知的信息，不断突破常规，发现或创造某种新颖的、独特的、有社会价值或个人价值的新事物、新思想的活动。

模块 二

烹饪原料基础知识

学习单元一　动物性原料

烹饪原料是指可以通过烹饪加工，制作出各种菜肴和面点的原材料。烹饪原料作为菜点的原材料，必须满足无毒、无害，具有营养价值和食用价值的基本要求。

一、家畜禽类原料

1. 家畜类原料

家畜类原料是菜肴烹饪中最常用的原料之一。家畜类原料是指人类驯化和饲养的可供烹饪、食用的哺乳动物及其制品的总称。现在常用的家畜类原料主要是指猪、牛、羊、驴、兔等家畜的畜肉及其制品，家畜的副产品，乳和乳制品。

2. 家禽类原料

家禽类原料主要包括家禽的禽肉及其副产品和家禽制品。随着饲养业的发展，家禽类原料占动物性原料的比例越来越高，目前我国的家禽主要包括鸡、鸭、鹅、鸽、鹌鹑等。

3. 常见家畜副产品

家畜副产品又称“下水”“杂碎”，主要包括家畜除肉之外的内脏、头、尾、蹄及血液等。家畜副产品通常都具有特殊的营养价值或口味，因此受到人们的喜爱。

4. 常见家禽副产品

家禽副产品是指家禽经宰杀加工处理后产生的附属产品，包括胃（胗）、肝、心、肠等内脏，以及舌、头、翅、爪、蹼等。家禽副产品总体来说含水量较大，质地脆嫩，内脏部位腥味较大，不宜久存。

二、水产品类原料

水产品类原料是指生活或生长在水中，具有一定经济价值的供人们食用的鱼类、虾蟹类、软体类（如鲍鱼、海参）、爬行类（如甲鱼）和两栖类（如牛蛙）等动物性原料。

1. 鱼类

鱼类是指终生生活在水中，以鳍游泳、以鳃呼吸，具有颅骨和上下颌的变温脊椎动物。它们在自然环境和生活习性的影响下，形成了不同的体形，主要有纺锤形（鲤鱼、鲫鱼等）、侧扁形（鲳鱼、鲆鱼等）、平扁形（鳐鱼、红鱼等）和圆筒形（黄鳝、鳗鱼等）4 种。此外，还有一些鱼类由于特殊的生活习性而呈现出特殊的体形，如带状的带鱼、球形的河豚等。

鱼类按其生活习性和栖息环境不同可分为淡水鱼和海水鱼两类。

2. 虾蟹类

虾蟹类为甲壳动物，其外壳就是它们的骨骼，称为外骨骼。在外骨骼里面是虾、蟹柔软纤细的肌肉和内脏，其中虾类的肌肉多、内脏少，蟹类则相反。

3. 软体类

在烹饪中，常见的软体类水产品有海参、乌贼、鱿鱼、鲍鱼、海螺、扇贝、蛏子、蛤蜊等。

4. 其他水产品

除鱼、虾、蟹、软体类外，烹饪中常用的水产品还有甲鱼、牛蛙等。

学习单元二 植物性原料

一、粮食类原料

粮食是对用于制作各类主食的植物性原料的统称。粮食类原料主要提供碳水化合物，其存在形式主要是淀粉。不同种类的粮食还分别提供一定量的蛋白质、脂类、维生素、矿物质等营养成分。

1. 谷类原料

谷类是我国居民传统膳食中的主要食物。常见的谷类原料有稻米、小麦和各种谷类杂粮。

2. 豆类原料

豆类泛指所有能产生豆荚的豆科植物。食用豆类不仅是人类蛋白质、淀粉、脂肪等营养物质的主要来源，也是人类必需的多种维生素和生物活性物质的重要来源。常见的豆类原料有大豆、绿豆、红豆、蚕豆、豌豆等。

3. 薯类原料

薯类主要是指具有可供食用块根或地下茎的陆生作物。甘薯、木薯和马铃薯被称为三大薯类。通常甘薯多当粮食食用，木薯主要供食品工业制取淀粉，马铃薯、山药、芋头、豆薯等多当菜食用。

二、蔬菜类原料

蔬菜类原料是可供制作菜肴或面点馅心的草本植物、少数木本植物和部分菌藻类植物的总称。蔬菜类原料按食用部位的不同，可分为叶菜类、茎菜类、根菜类、花菜类、果菜类和食用菌类。

三、果品类原料

果品类原料一般是指木本植物和部分草本植物所产的可生食的果实，以及各种种子植物种仁的统称。果品类原料按其自身特点，可分为鲜果（如苹果、梨）和干果（如板栗、核桃）两种类型。

1. 鲜果类原料

鲜果类原料就是通常所说的水果，其特点是水分充足、果肉鲜嫩。鲜果在烹饪中的应用是所有果品类原料中最多的。烹饪中常用的鲜果类原料包括苹果、梨、桃、橘、橙、柚、柠檬、香蕉、葡萄、菠萝、椰子等。

2. 干果类原料

干果类原料是指果实成熟后果皮干燥，无法食用，以其种子（种仁）作为食用部位的果品原料。裸子植物直接以种子为食，故也属于干果。烹饪中常用的干果类原料有板栗、核桃、花生、杏仁、白果、莲子、松子、腰果等。

学习单元三 加工性原料

一、禽畜肉制品

禽畜肉制品是指以禽畜肉为主要原料，配以适量的调辅料，运用物理或化学方法制作的成品或半成品。按其制作工艺不同，可将禽畜肉制品分为腌腊制品、灌肠制品、脱水制品和酱卤制品。

1. 腌腊制品

腌腊制品是指将各种禽畜肉加工成不同规格和形态后，在其表面涂抹食盐、硝及其他调味品的混合物，或者将其投入腌制的液体中浸泡，然后在一定条件下放置数日而形成的肉制品。烹饪中常见的腌腊制品有板鸭、风鸡、火腿和腊肉等。

2. 灌肠制品

灌肠制品是指将各种禽畜肉经腌制、切碎、加入辅料、灌入肠衣或经处理的嗉囊等工序后，再经晒、熏、烤、煮等方式加工而得到的肉制品。烹饪中常见的灌肠制品有广东腊肠、山东南肠和哈尔滨红肠等。

3. 脱水制品

脱水制品是指将禽畜肉调味或煮熟调味后，经脱水加工而成的肉制品。烹饪中常见的脱水制品有肉松、肉干等。

4. 酱卤制品

酱卤制品是指将禽畜肉预煮后，再用调味品加水煮制而成的肉制品。其主要特点是产品酥润，风味浓郁。

二、禽蛋制品

禽蛋经过特殊加工处理制成的产品，统称为禽蛋制品。烹饪中常见的禽蛋制品有松花蛋、咸蛋、糟蛋等。

1. 松花蛋

松花蛋又称“皮蛋”，是由鲜鸡蛋或鲜鸭蛋在纯碱、石灰、茶叶、食盐等辅料的作用下，经复杂的化学变化制成的。

2. 咸蛋

咸蛋又称“腌蛋”“盐蛋”，是用鲜鸡蛋或鲜鸭蛋等禽蛋腌制而成的。咸蛋的加工方法有多种，常用的有泥浆法、泥包法和盐水浸渍法三种。

3. 糟蛋

糟蛋是将鲜蛋裂壳后，埋入糯米酒的酒糟中，加入一定量食盐制成的蛋制品。

三、乳制品

乳制品是指鲜乳经过分离、浓缩、干燥、调香、强化等加工方法处理后所得到的制品。烹饪中常见的乳制品有奶油、炼乳、酸奶等。

1. 奶油

奶油是鲜乳经过分离得到稀奶油后，再经加工得到的一种乳制品。根据再加工的方法可分为鲜制奶油、酸制奶油、重制奶油和连续式机制奶油。

2. 炼乳

炼乳是将鲜乳经过消毒、浓缩，去除其中大部分水分后得到的乳制品。

3. 酸奶

酸奶又称“酸牛奶”，是以鲜牛奶为原料，经高温消毒冷却后，加入纯乳酸菌种发酵而成的一种乳制品。

四、水产制品

水产制品种类很多，按其制作方法可分为干制品、腌制品、熟制品、糟醉制品和鱼糜制品，见表 2–1。

表 2–1 水产制品的分类

水产制品种类	常见产品名称
干制品	鱼翅、鱼皮、鱼唇、鱼骨、鱼肚、鱼子、干贝、海米等
腌制品	咸鲤鱼、咸黄花鱼等
熟制品	熏鱼、鱼松、烤鱼片等
糟醉制品	糟小黄鱼、糟青鱼等
鱼糜制品	鱼香肠、鱼丸等

五、粮食制品

粮食制品是指用谷类、豆类和薯类以及从粮食中提取的淀粉为原料加工成的制品。主要分为谷制品、豆制品和薯制品。

1. 谷制品

谷制品是指以谷类为原料加工而成的食品。常见的谷制品有面筋、米粉和米线等。

2. 豆制品

豆制品是以大豆、绿豆、红豆、豌豆、蚕豆等豆类为主要原料，经加工而制成的食品。常见的豆制品有豆腐、豆腐干、油皮、腐竹和油豆腐等。

3. 薯制品

薯制品是以红薯、马铃薯、木薯等薯类为主要原料，经加工而制成的食品。常见的薯制品有粉丝和粉皮等。

六、蔬菜制品

蔬菜制品是指以新鲜蔬菜为原料，经脱水干制、糖盐腌渍、浸泡、发酵等方法加工而成的蔬菜成品或半成品。按加工方法不同，蔬菜制品可分为腌菜类、泡菜类、酱菜类和干菜类。

1. 腌菜类

腌制是指将蔬菜加食盐进行保藏的一种加工方法，该方法可以防止有害微生物的生长，延长食物的储存期。腌菜根据蔬菜原料和制作方法的不同，具有多种独特的风味。常见的腌菜有榨菜、雪里蕻和冬菜等。

2. 泡菜类

泡菜是指为了利于长时间存放而经过发酵的蔬菜。一般来说，卷心菜、大白菜、红萝卜、白萝卜、高丽菜等纤维丰富的蔬菜都可以被制成泡菜。

3. 酱菜类

酱菜是以新鲜的蔬菜经食盐腌渍成咸菜坯，然后用压榨或清水浸泡的方法使咸菜坯的盐度降低，接着用不同的酱（黄酱、甜面酱等）或酱油进行酱制而成的蔬菜制品。酱菜可分为北味与南味两类，常见的酱菜有酱八宝菜和乳黄瓜等。

4. 干菜类

干菜是由新鲜蔬菜脱水加工而成，易于保存。干菜在制作过程中会损失一些维生素，特别是维生素 C 损失较多，但其他营养成分损失不大。常见的干菜有玉兰片、笋干和霉干菜等。

七、水果制品

水果制品是指以新鲜水果为原料，经干制、糖煮或腌渍而得到的制品，按其制作工艺不同可分为果干类、果脯蜜饯类、果酱类、果汁类和水果罐头类。其中，在烹饪中应用较多的为果干类、果脯蜜饯类和果酱类。

1. 果干类

果干是由鲜果干制而成。通过干制可降低鲜果的水分、体积和重量，使其便于保藏和运输，并具有独特的风味。在烹饪中常见的果干类制品有红枣、葡萄干、桂圆干、荔枝干等。

2. 果脯蜜饯类

果脯和蜜饯是我国传统的糖制果品，是由完整的果实或块状果肉经糖煮、糖渍后烘干或晾干制成的。通常较干燥的称为果脯，较湿润的称为蜜饯。在烹饪中常见的果脯蜜饯类制品有蜜枣、橘饼、青红丝等。

3. 果酱类

果酱类制品是将鲜果破碎或榨汁后，与糖一起熬煮制成的。制作果酱对原料的成熟度有较高要求。在烹饪中常见的果酱类制品有苹果酱和山楂糕等。

学习单元四 调味调色性原料

调味调色性原料又称“调料”“佐料”，是指在烹饪过程中用于调和菜肴风味的原料。

一、调味调色性原料的作用

调料在烹饪中的作用是确定菜肴口味、去除原料异味、增进菜肴色泽、增加菜肴营养、延长原料保存期、增进食欲、促进消化等。

二、调味调色性原料的分类

目前，我国共有 600 余种调味调色性原料，有多种分类方式。

（1）按加工方法分类：可分为酿造类（如酱油、醋、甜面酱）、提炼加工类（如食糖、食盐）、采集加工类（如花椒、胡椒）和复制加工类（如胡椒粉、番茄酱）。

（2）按形态分类：可分为固态类（如食糖、食盐）、液态类（如酱油、醋）和酱态类（如甜面酱、黄酱）。

（3）按口味分类：可分为咸味（如食盐、酱油）、甜味（如食糖、饴糖）、酸味（如醋、番茄酱）、鲜味（如味精、蚝油）、苦味（如陈皮、茶叶）、辣味（如辣椒、胡椒）、香味（如八角、桂皮）和复合味（如海鲜酱、沙茶酱）。

学习单元五　各类原料的选择与保管

一、禽畜类原料的选择与保管

1. 禽畜类原料的选择

（1）鉴别新鲜禽肉的品质，主要从其嘴部、眼部、皮肤、肌肉、脂肪、气味和制成的肉汤等方面判断，见表 2–2。

表 2–2　新鲜禽肉的特点

判断指标	新鲜禽肉的特点
嘴部	有光泽、干燥、有弹性
眼部	饱满、充满整个眼窝、角膜有光泽
皮肤	呈淡白色，表面干燥、不发黏
肌肉	结实有弹性，肌肉呈玫瑰色、有光泽，胸肌呈白色或淡玫瑰色；鸭、鹅的肌肉为红色，幼禽呈有光泽的玫瑰色
脂肪	呈白色或略带黄色，有光泽
气味	有该类家禽特有的新鲜气味
肉汤	肉汤透明，表层有大量脂肪滴，具有独特的鲜香味

（2）新鲜畜肉的品质鉴别。鉴别新鲜畜肉的品质，主要从其色泽、黏度、弹性、气味、骨髓和制成的肉汤等方面判断，见表 2–3。

表 2-3 新鲜畜肉的特点

判断指标	新鲜畜肉的特点
色泽	肌肉有光泽，呈均匀的淡红色；脂肪呈白色、淡黄色或黄色
黏度	外表微干或有风干膜，不粘手，肉汁透明
弹性	肉质紧密，富有弹性，指压后能立即恢复
气味	具有该类畜肉特有的气味，刚宰杀时有内脏气味，冷却后变为稍带腥味
骨髓	骨腔内充满长条状骨髓，呈淡黄色，有光泽，较硬，稍有弹性
肉汤	肉汤澄清，表层浮有大量脂肪团，具有独特的鲜香味

（3）家畜内脏的品质鉴别。鉴别新鲜内脏的品质，主要从其心、肝、肺、胃、肾和肠等部位的判断，见表 2-4。

表 2-4 新鲜内脏的特点

内脏部位	新鲜内脏的特点
心	质地坚韧、有弹性，表面有光泽，用手挤捏会有鲜红或暗红色的血液或血块排出，有血腥味
肝	呈褐色或紫红色，有光泽，有弹性
肺	呈淡红色，有光泽，有弹性
胃	颜色一面呈浅黄色，一面呈白色，黏液多，质地坚韧
肾	呈浅红色，表面有一层薄膜，有光泽，质地柔润，有弹性
肠	色泽发白，黏液多，质地稍软

（4）蛋、乳的品质鉴别。禽蛋的品质鉴别方法有：外观法、震荡法、透视法、破视法；乳的品质主要从其色泽、味道、滋味和形态来鉴别。新鲜乳呈乳白色或乳黄色，有乳香味，口感香浓微甜，无异味，呈均匀胶态，无沉淀和凝块；变质乳有灰白、蓝、微红等杂色，有酸臭味，带有苦、咸等异味，有沉淀和凝块。

2. 禽畜类原料的保管

禽畜肉的保管：禽畜肉属于易腐食品，在常温下很容易变质。保藏禽畜肉的主要方法有低温冷冻、腌制、脱水干制、添加防腐剂、射线照射和气调保藏等。其中，低温冷冻是最常用的保藏方法，其又可分为低温保藏和冷冻保藏两种方法。

乳的保管：乳常采用冷藏、密封、避光（日光、灯光均会破坏乳中的数种维生素，同时也会使其丧失芳香）等保藏方式，一般不冷冻。

二、水产品类原料的选择与保管

1. 水产品类原料的选择

（1）鱼类的品质鉴别，见表 2–5。

表 2–5　新鲜鱼类的特点

指标	新鲜鱼类的特点
鳃	河鱼的鳃呈鲜红色或粉红色，海鱼的鳃呈紫色或紫红色，鳃盖紧闭，黏液较少，呈透明状，鱼嘴紧闭，色泽正常
眼	澄清而透明，向外稍稍凸出，黑白分明，无充血、发红现象
鳞	表面黏液少，透亮清洁，鳞片完整有光泽，紧贴鱼体
腹部	腹部肌肉坚实无裂痕，腹部不膨胀，色泽正常
肌肉	肌肉组织紧密有弹性，肋骨与脊骨处的鱼肉结实，不脱刺

（2）虾类的品质鉴别。虾类以鲜活者为佳，具体见表 2–6。

表 2–6　新鲜虾类的特点

指标	新鲜虾类的特点
色泽	体表呈青白色或青色，透明光亮

续表

指标	新鲜虾类的特点
形态	体形完整，头节与躯体紧连，肉体坚实有韧性，须足无损，蟠足蜷体，体表无污秽

（3）河蟹的品质鉴别。河蟹必须选用活体，若河蟹已死则不能食用，见表 2–7。

表 2–7　新鲜河蟹的特点

指标	新鲜河蟹的特点
色泽	背甲呈墨绿色，有光泽，腹部呈白色或灰白色
形态	双螯强健，八足齐全，金爪黄毛，甲壳坚硬，肉质坚实，蟹脚坚硬，蟹体厚实沉重
活力	反应敏捷，行动迅速，爬动时腹部悬空，善于翻身，能不断吐沫并有响声

（4）海蟹的品质鉴别。海蟹捕捞后可以活养或冷冻保藏，见表 2–8。

表 2–8　新鲜海蟹的特点

指标	新鲜海蟹的特点
甲壳	体表色泽鲜艳，背壳纹理清晰有光泽，腹部甲壳和中央沟部位的色泽洁白且有光泽，脐上部无黑印
腮丝	腮丝清晰，呈白色或稍带微褐色
肢体	肢体连接紧密，提起蟹体时不松弛、不下垂

（5）软体类水产品的品质鉴别，见表 2–9。

表 2–9　新鲜软体类水产品的特点

品种	新鲜软体类水产品的特点
贝类	贝壳表面完整，无畸形；体大、肉肥；贝壳闭合时没有外露；有贝类特有气味，无异味

续表

品种	新鲜软体类水产品的特点
其他软体类（以鱿鱼为例）	新鲜鱿鱼色泽亮白，微透红色，外股紧实，有弹性，头部与身体连接紧密，不易扯断；干鱿鱼肉体厚而坚实，肉身干燥，微透红色，无霉点，无异味

2. 水产品类原料的保管

水产品如果是活体，在保藏时只要保证其生命的延续即可；若是水产品已经死去，为了防止其腐烂变质，通常低温保藏。在保藏水产品时，通常采用活养、冷藏、冷冻的方法。

三、粮食类原料的选择与保管

1. 粮食类原料的选择

（1）稻米的品质鉴别，见表 2–10。

表 2–10　优质稻米的特点

指标	优质稻米的特点
色泽	呈青白色或精白色，有光泽，呈半透明状
形态	粒形均匀、整齐，重量大，没有碎米和爆腰米（米粒有裂纹），干净卫生
硬度	硬度大
腹白	腹白是指米粒上呈乳白色、不透明的部分，优质稻米腹白所占米粒面积较小
气味	有稻香味，无异味
滋味	微甜，无异味

（2）面粉的品质鉴别，见表 2–11。

表 2–11 优质面粉的特点

指标	优质面粉的特点
色泽	呈白色或淡黄色，不发暗，无杂色
形态	无杂质，用手捏有滑爽的感觉，无颗粒感
气味	有面香味，无异味
滋味	微甜，咀嚼时没有砂声

2. 粮食类原料的保管

粮食类原料在保管中要注意调节温度、控制湿度、避免污染等问题。存放地点必须干燥、通风，切忌高温、潮湿；要避免异味、异物的污染，盛装器具要干燥、清洁；堆放要整齐，上下左右要保持一定的空间，与墙壁保持一定的距离；还应注意预防鼠害、虫害等。

四、蔬菜类原料的选择与保管

1. 蔬菜类原料的选择

蔬菜的品质鉴别，见表 2–12。

表 2–12 优质蔬菜的特点

指标	优质蔬菜的特点
色泽	色泽鲜艳、有光泽。例如，叶菜类蔬菜通常是翠绿色的，茄果类蔬菜通常是红色、紫色、黄色和绿色的
质地	质地鲜嫩、挺拔，发育充分，无黄叶、刀伤

续表

指标	优质蔬菜的特点
含水量	水分含量正常，表面有润泽的光亮，断口有汁液流出
病虫害	无霉烂及虫害，植株饱满完整

2. 蔬菜类原料的保管

蔬菜类原料保藏的关键是延缓其品质下降的速度，这需要满足两个条件：一是降低蔬菜自身的生理活动能力；二是减少微生物的侵袭。目前，常用的蔬菜类原料保藏方法主要有冷藏法、堆藏法、埋藏法、窖藏法、假植储藏法等。

五、果品类原料的选择与保管

1. 鲜果的品质鉴别

鲜果的品质鉴别，见表 2–13。

表 2–13　优质鲜果的特点

指标	优质鲜果的特点
果形	具有该类果品应有的典型形状，果体饱满，发育充分
色泽与花纹	色泽鲜艳，有光泽；有花纹的品种花纹清晰
成熟度	成熟度适当，具有该类果品应有的风味和较高的食用价值
损伤与病虫害	果皮完好，果肉无虫蛀、黑心、褐斑等现象

2. 干果的品质鉴别

干果的含水量较低，其优质品粒大饱满、肉质肥厚、色泽明亮、干爽整洁，无异味、发霉、虫蛀、出油等现象。

3. 果制品的品质鉴别

果制品的品质鉴别，见表 2–14。

表 2–14 优质果制品的特点

名称	优质果制品的特点
果干	干湿适度，果肉与果核不粘连，果粒大而均匀，果皮薄，皱纹少而浅，皮色明亮，果质坚实、细腻、甜味浓，无霉烂现象
果脯、蜜饯	组织饱满，表面干爽，无核无渣，色泽亮丽，口感醇正，酸甜适中，无干缩、潮解、霉变等现象
果酱	色泽明亮，口味酸甜适度，无异味，质地细腻，除果肉外无其他杂质，黏稠适度，无霉烂现象

4. 果品类原料的保管

鲜果是有生命活动的有机体，其生理活动会影响自身的品质。大部分鲜果适合低温保藏，低温可以减弱鲜果的呼吸作用，延缓水分的流失和成熟度的增加，同时还能抑制微生物的繁殖。鲜果具体的保藏方法有冷窖保藏法、冰窖保藏法、冷库保藏法、通风保藏法、气调保藏法等。

果制品的储藏应根据各自特点正确处理。干果本身比较干燥，储藏时应注意防潮、防虫蛀、防出油。果干脱水较充分，有的经过日晒、熏制，易保存，只要包装防尘、防潮、防鼠虫咬坏即可。蜜饯与果脯由于用糖熬煮的方式特殊处理过，一般不会变质，但如果时间过久可能会产生干缩、潮解现象或产生霉陈味。一旦出现，可重新用糖熬煮，冷却返砂后再继续存放。

六、调辅料的选择与保管

调辅料品质主要从色泽、形态、气味和滋味 4 个方面进行鉴别，尤其是气味和滋味，只要调味和辅助原料（淀粉和食品添加剂除外）在品质上稍有变化，便可通过气味和滋味表现出来。

调辅料原料的保管应注意容器、环境和方法三个方面。选用玻璃、陶瓷等耐腐蚀的密闭容器；环境温度不能太高，湿度要适当；使用时注意采用先进先出原则。

模块三

饮食营养基础知识

学习单元一　人体需要的营养素

营养素是指能够为机体提供能量，并作为机体的组成成分进行组织修复和调节生理功能的一类物质。它是维持人体生命活动和基础代谢的基本要素。人体需要的营养素主要包括宏量营养素（蛋白质、脂类和碳水化合物）、微量营养素（维生素和矿物质）和其他成分（水、膳食纤维等）。

一、蛋白质

蛋白质是一类高分子有机化合物。它是生命的物质基础，是人体细胞的重要组成成分，是人体组织更新和修复的主要原料。

1. 生理功能

（1）构成和修复人体组织

人体的神经、肌肉、皮肤、红细胞等均由蛋白质构成，骨骼和牙齿中含有大量的胶原蛋白，指甲中含有角蛋白。这些蛋白质每天都在不断地被消耗，所以无论是婴幼儿、青少年还是成年人都要不断补充新的蛋白质。

（2）调节生理功能

具有特异催化功能的各种酶大部分是蛋白质。人体新陈代谢的各种化学反应离不开酶的催化作用，每一种酶都有自己独特的功能，如唾液淀粉酶将淀粉转化成麦芽糖，脂肪酶将脂肪转变为甘油与脂肪酸。激素是机体内分泌细胞合成的一类化学物质，主要成分也是蛋白质，对人体的生长、发育和适应内外环境的变化起到重要的调节作用，如胰岛素可调节血糖。

（3）运输功能

蛋白质承担着部分机体内的转运任务。氧气能将人体内的有机物氧化为二氧化碳和水，同时释放出能量来维持生命和各种生理活动；从外界摄取氧并且将其输送到全身各组织细胞，由血液中红细胞内的血红蛋白完成。

（4）参与免疫反应

当病原体（如细菌、病毒等）侵入机体时，机体内的免疫细胞会产生一类称为抗体的特殊蛋白质以对抗病原体。如果人体内蛋白质供给不足，则可能影响抗体的产生，使人容易患流行性感冒等疾病。

（5）供给能量

当人们摄入的碳水化合物和脂肪所提供的能量不能满足人体需要，或者蛋白质的摄入量超过机体蛋白质更新的需求量时，部分蛋白质可氧化提供能量。

2. 食物来源

蛋白质的食物来源可分为动物性蛋白质和植物性蛋白质两大类。动物性蛋白质是膳食蛋白质的主要来源。各种动物肉、蛋、鱼、虾、奶等不仅蛋白质含量丰富，而且所含必需氨基酸种类齐全、比例合适，属于完全蛋白质。植物性食物中豆类含有丰富的蛋白质，特别是大豆及其制品，蛋白质含量高，必需氨基酸组成比较合理，在人体内的吸收利用率较高，也属于蛋白质的优质来源。

二、脂类

脂类是脂肪和类脂的总称，是具有重要生物学作用的一类化合物，其主要特点是溶于有机溶剂而不溶于水。

1. 生理功能

（1）储存和供给能量

人体每日所需总能量的 20% ～ 30% 由脂肪提供。从食物中摄取的脂肪一部分储存在体内，当人体的能量消耗多于摄入时，就动用储存的脂肪来补充能量。

（2）构成机体组织

脂类是构成人体细胞的重要成分。如磷脂是构成细胞膜、神经细胞的主要成分。

（3）维持体温，保护脏器

脂肪导热性能差，不易传热，故分布在皮下的脂肪可减少体内热量的过度散失并防止外界辐射热侵入，对维持人的体温起着重要作用。分布在内脏周围的脂肪组织可对内脏起到缓冲撞击和震动的保护作用。

（4）促进脂溶性维生素的吸收

膳食中的脂肪是脂溶性维生素的良好溶剂，可促进其吸收，当膳食中缺乏脂肪或发生吸收障碍时，体内脂溶性维生素就会相应减少。

（5）供给必需脂肪酸

必需脂肪酸多以脂肪形式存在于食物中，必需脂肪酸缺乏时会发生皮肤病、产妇乳汁减少等现象。

2. 食物来源

植物性食物来源主要有花生、大豆、芝麻、菜籽和其他果仁以及麦胚、米糠等；动物性食物来源主要有猪脂、牛脂、羊脂、鱼油、乳脂等。

三、碳水化合物

1. 生理功能

（1）供给能量

碳水化合物是机体重要的能量来源，我国居民从膳食中摄取的总热量，一半以上由碳水化合物提供。

（2）构成人体组织的重要生命物质

碳水化合物是构成人体组织的重要生命物质，并参与细胞组成和多种活动。每个细胞中都含有碳水化合物，其含量为 2% ～ 10%，主要以糖脂、糖蛋白和蛋白多糖的形式存在。

（3）对蛋白质的节约作用

人体摄入蛋白质的同时摄入碳水化合物，可以节约蛋白质单纯分解供应能量，促进蛋白质在体内的消化、吸收、转运及合成。当碳水化合物提供的能量不能满足需要时，人体将分解蛋白质和脂肪以产生能量。

（4）抗生酮作用

碳水化合物摄取不足时，人体所需能量将大部分由脂肪提供。而脂肪氧化不完全时，则会产生酮类物质，从而发生酮中毒，所以碳水化合物具有辅助脂肪氧化的抗生酮作用。

（5）保护肝脏和解毒作用

碳水化合物是体内一种重要的解毒剂，在肝脏中能与许多有害物质如细菌毒素、酒精、砷等结合，以消除、降低这些物质的毒性或生物活性，从而起到解毒作用。

（6）增强胃肠道功能

研究表明，一些不能被人体消化吸收的碳水化合物在结肠发酵时，可促进某些益生菌的增殖，如乳酸杆菌、双歧杆菌等。这些益生菌可合成消化酶，促进营养物质的吸收；可作为抗原直接发挥免疫激活作用，提高人体免疫力；还可维持肠道菌群结构的平衡。

2. 食物来源

碳水化合物主要来自植物性食物，如大米、小麦、玉米等谷类和薯类，这些食物含有丰富的淀粉，是人体所需能量最主要的来源。

四、维生素

维生素是指维持人体细胞生长和正常代谢所必需的一类小分子有机化合物。

1. 主要特点

（1）维生素天然存在于食物中，存在形式有维生素或可被人体利用的维生素前体。

（2）维生素各自担负着不同的特殊生理代谢功能，但都不提供热能，也不参与构成人体组织。

（3）维生素不能由人体合成或合成量太少，必须每天从食物中摄取。人体长期缺乏某种维生素时会出现相应的缺乏症，但维生素摄入过量也会引发中毒等症状。

2. 分类

维生素的种类很多，化学性质与结构的差异性也很大。一般按溶解性可以将维生素分为脂溶性维生素和水溶性维生素两大类。

（1）脂溶性维生素

脂溶性维生素包括维生素 A、维生素 D、维生素 E、维生素 K，其溶于脂肪及有机溶剂，在食物中常与脂肪共存。其可在肝脏等器官中储存，如摄取过多可引起中毒。

（2）水溶性维生素

水溶性维生素包括 B 族维生素（B_1、B_2、B_6、PP、B_{12}、叶酸、泛酸、生物素等）和维生素 C。水溶性维生素溶于水，但在体内不能储存，其代谢产物较易从尿中排出。

3. 主要维生素的食物来源（见表 3-1）

表 3-1 主要维生素的食物来源

名称	说明
维生素 A	维生素 A 主要有来自动物性食物的维生素 A_1 和维生素 A_2；来自植物性食物的胡萝卜素和类胡萝卜素。维生素 A 存在于动物性食物中，以动物内脏、黄油、牛奶及蛋类中含量最为丰富。胡萝卜素存在于植物性食物中，如绿色蔬菜，黄色、橙色、红色果蔬等

续表

名称	说明
维生素 D	植物性食品中几乎不含维生素 D，其主要存在于鱼肝油、黄油、动物内脏、禽蛋及脂肪含量高的海鱼等食物中，奶类中也含有少量的维生素 D
维生素 E	维生素 E 含量丰富的食物主要有各种油料种子、某些谷物和各种坚果类食物（如核桃、葵花子、松子等）
维生素 B_1	维生素 B_1 广泛存在于天然食物中，含量较为丰富的有动物内脏、猪瘦肉、未经精制加工的谷物等
维生素 B_2	维生素 B_2 广泛存在于动植物食物中，动物性食物含量高于植物性食物，尤以动物内脏、蛋类、乳类及其制品含量最为丰富。植物性食物中，豆类和绿色蔬菜中维生素 B_2 含量较高
烟酸	烟酸及其衍生物广泛存在于动植物食物中，含量较高的有动物内脏、瘦肉、鱼类、坚果、豆类和谷物等
维生素 B_{12}	维生素 B_{12} 的主要食物来源为动物性食物，如动物内脏、肉类、乳类及其制品、蛋类等。植物性食物中只有大豆发酵制品中含少量维生素 B_{12}
维生素 C	维生素 C 主要存在于植物性食物中，尤其是新鲜的蔬菜和水果。豆类发芽后也会产生一定量的维生素 C

五、矿物质

人体内的各种元素，除了碳、氢、氧、氮以有机化合物的形式存在外，其他各种元素统称为矿物质或无机盐。

1. 生理功能

（1）矿物质是身体组织的重要组成部分，如钙、磷、镁是骨骼、牙齿的重要成分，铁是血红蛋白的主要成分，碘是甲状腺激素的重要成分，磷是磷脂的重要成分。

（2）矿物质（如钾、钠、钙、镁离子）能调节多种生理功能，如维持组织细胞的渗透压，调节体液的酸碱平衡，维持神经肌肉的兴奋性等。矿物质又是体内活性成分如酶、激素、抗体等的组成成分或激活剂。

2. 代谢与平衡

由于人体的新陈代谢，每天都有一定数量的矿物质通过各种途径排出体外，而矿物质在体内不能合成，因而必须通过膳食予以补充。矿物质广泛存在于动植物性食物中，故一般不易缺乏，但在特殊生理条件下或膳食调配不当，抑或生活环境特殊等原因，也会造成缺乏。我国人民膳食中比较容易缺乏的矿物质主要有钙、铁、碘等。

3. 主要矿物质的食物来源（见表 3–2）

表 3–2 主要矿物质的食物来源

名称	说明
钙	乳类及其制品含钙丰富且吸收率高，是优质的食物来源。绿色蔬菜和豆类也含有丰富的钙质，如甘蓝、青菜、大白菜、小白菜及豆制品等。此外，螃蟹、蛋类、核桃、红果、海带、紫菜等都含有丰富的钙
铁	动物内脏、肉类均为铁的良好来源。植物性食物中铁的吸收利用率不高
碘	海产品含碘量丰富，如海带、紫菜、海鱼、干贝、淡菜、海参、海蜇、龙虾等
锌	贝壳类海产品如牡蛎、扇贝等是锌的主要食物来源，肉类、动物内脏、鱼类、蛋类等也含有丰富的锌，蔬菜、水果中锌的含量较少
硒	动物内脏、肉类及海产品是硒的良好来源

六、水

人体对水的需要仅次于氧气，因为水是人体重要的组成部分，也是人体内含量最多的一种化合物。水在人体内的含量因年龄、性别而有所差异。新生儿体内水占总体重的 75% ～ 80%，成年男性约占 60%，成年女性约占 50%。

1. 生理功能

（1）构成人体组织的重要成分

成年人体重的 2/3 是由水组成的，血液、淋巴的含水量高达 90% 以上，肌肉、神经、内脏、细胞、结缔组织等的含水量为 60% ～ 80%。

（2）良好的溶剂

水作为营养素的溶剂，有利于营养素的消化、吸收和利用。水作为代谢物的溶剂，有利于将其及时排出体外。

（3）调节体温、润滑人体

水能够吸收较多的热量而本身温度升高不多，因此可通过出汗来调节体温的恒定。关节腔内的关节液在关节活动时起润滑作用而减少摩擦，唾液有助于食物的吞咽等。

2. 代谢与平衡

人体在正常情况下，经皮肤、呼吸道以及尿、粪等将一定量的水排出体外，因此应当及时补充水分，使排出的水和摄入的水保持基本相等，即“水平衡”。影响人体需水量的因素很多，如年龄、体重、气温、劳动强度及其持续时间等都会使人体需水量产生差异。

建议成年人每天喝 7 ～ 8 杯水（1 500 ～ 1 700 mL）。当感到口渴时，需及时补充水分，维持体内代谢的正常进行。人体中水的来源主要包括代谢水（三大营养素代谢中产生的水）、食物水（食物中含有的水）和饮用水（茶、汤、各种饮料等）。代谢水及食物水的变动较小，人体的含水量一般通过饮用水来进行调节，饮用水以饮用到无口渴感为适量。

七、膳食纤维

膳食纤维是指不能被消化酶消化，且不能被人体吸收利用的一类多糖。

1. 分类

膳食纤维按其溶解性分为可溶性膳食纤维和不溶性膳食纤维两类。前者主要是指存在于细胞壁的纤维素、半纤维素和木质素，后者是指存在于细胞间质的果胶、树胶、豆胶、藻胶等。

2. 生理功能

（1）促进胃肠道蠕动，防止便秘

膳食纤维有很强的吸水能力（或与水结合的能力），可使大肠内容物增加，刺激胃肠道的蠕动，缩短代谢产物、废物在大肠中停留的时间，起到通便、防癌的作用。

（2）降低血脂

膳食纤维中的果胶、木质素与胆酸、胆固醇结合，能减少胆固醇的重吸收，促进肠道中胆固醇的排出，从而降低血浆中胆固醇的浓度，预防动脉粥样硬化的发生。

（3）预防肥胖

膳食纤维可增加食物的体积，使人体产生饱腹感，从而减少食物的摄入量。

3. 食物来源

膳食纤维主要来自植物性食物，谷类、薯类、豆类、蔬菜和水果中都含有丰富的膳食纤维。

学习单元二 主要营养素在烹饪中的变化

在烹饪过程中，食物会发生一系列物理变化和化学变化，食物中所蕴含的营养素也会发生相应的变化。

一、蛋白质在烹饪中的变化

1. 蛋白质变性

蛋白质具有变性作用，会因环境改变而丧失原有的生物功能。烹饪中最常见的是热变性，表现为蛋白质的凝固、脱水及动物胶的生成等，例如鸡蛋由生变熟的过程。烹饪过程中随着蛋白质的凝固，亲水胶体体系受到破坏而失去保水能力，发生脱水现象使食物原料的总质量减少。如果持续高温加热，就会使原料过度脱水，影响菜肴的品质和口感。蛋白质发生变性后的凝固过程及颜色变化是判断蛋白质是否成熟的重要标志。

2. 胶体性质

蛋白质具有溶胶性质和凝胶作用，溶胶性质能使蛋白质在水中形成均匀的溶液，如豆浆的形成；凝胶作用主要体现为烹饪中许多蛋白质以凝胶状态存在，具有一定的弹性、韧性和可加工性，如豆浆点卤（氯化镁）或石膏（硫酸钙）后形成豆腐脑，再挤压去除水分形成豆腐。

3. 蛋白质的水解

蛋白质在持续加热时常常会出现水解现象，如在制作鸡汤、鱼汤、肉汤等过程中部分蛋白质就会水解为蛋白胨、氨基酸等含氮浸出物，形成鲜美的滋味。

4. 蛋白质高温分解

高温下蛋白质分解变性后会产生香气物质，这是油炸食品香味浓郁的主要原因。但过度加热时，蛋白质也会产生有害物质甚至致癌物，所以应尽量少食用油炸食品。

二、脂类在烹饪中的变化

1. 油脂在高温加热中的变化

高温加热会使油脂出现黏稠度增加、色泽变暗等现象。油脂中富含的脂溶性维生素被大量破坏，还会产生大量挥发性的产物，如油烟中的刺激性物质对身体健康不利。

2. 乳化作用

磷脂是良好的乳化剂，如许多烹饪原料中富含的卵磷脂。卵磷脂分子一端具有亲水性，另一端具有亲油性，它能使原本互不相溶的油和水形成均匀而稳定的乳状液体，具有乳化作用。烹饪中常见的用法有制作沙拉酱及调制奶汤等。

三、碳水化合物在烹饪中的变化

1. 淀粉糊化

淀粉与水一同加热到 60 ℃左右时，会在水中溶胀分裂形成均匀糊状溶液，该作用称为淀粉的糊化。烹饪中常见的用法有勾芡。

2. 淀粉老化

淀粉溶液经缓慢冷却或淀粉凝胶经长期放置，会变得不透明甚至产生沉淀，该现象称为淀粉的老化现象。烹饪中，粥静置一段时间后出现米、汤分离，上浆、勾芡菜肴久置后出现脱浆、脱芡的现象都是由于淀粉老化。

3. 焦糖化反应

糖类在加热到熔点以上的温度时，会发生脱水与降解，并产生褐变反应，这种现象称为焦糖化反应。烹饪中常用的炒糖色、走红等就是利用了糖的焦糖化反应。

四、维生素在烹饪中的变化

烹饪加工中，损失最大的是维生素，其中水溶性维生素较脂溶性维生素更容易损失。维生素的实际损失量与烹调时用水量的多少、原料表面积的大小、烹调时间长短、烹调温度高低等均相关。

五、矿物质在烹饪中的变化

矿物质元素及其化合物大多可溶于水，食材在清洗及加工过程中常需与水接触，矿物质会经过渗透和扩散作用进入水中，造成矿物质流失。使用铁锅烹调时，锅身会有不同程度的铁离子溶出，少量的铁离子溶出能够增加菜肴中铁的含量。

学习单元三 平衡膳食

平衡膳食也称合理膳食或健康膳食，是指全面达到供给量标准的膳食，要求由多种食物构成，能够提供足够数量的能量和各种营养素，并且保持各种营养素之间的平衡，以利于营养素的吸收和利用，满足机体生长发育和各种生理活动的需要。

平衡膳食不仅表现在能量和各种营养素必须满足机体的需求，还表现在能量和各营养素之间要保持合理的比例，主要包括以下两个方面的要求。

一、满足机体营养需要

1. 食物原料选择多样化

目前自然界除了母乳能满足 4 ～ 6 个月龄以下的婴儿对营养的全部需求外，还没有一种食物能满足人体对所有营养素的需要。任何一种食物都具有其自身的营养特点。如肉类含丰富的优质蛋白质和饱和脂肪酸，但缺乏碳水化合物和维生素 C。所以进行食物选择时，为满足人体的各种营养素需要，最基本的要求是食物原料的选择应多样化。

2. 营养素比例合理

平衡膳食要求营养素之间在功能和数量上保持平衡，如三种产能营养素的平衡，维生素与产能营养素之间的平衡，饱和脂肪酸与不饱和脂肪酸之间的平衡等。

二、合理的膳食制度

合理的膳食制度是指合理地安排每日的餐次、每餐的数量与质量，使进餐与日常生活制度和生理状况相适应，并使进餐和消化过程协调一致，使膳食中的营养素得到充分的消化、吸收和利用，以提高工作效率和学习效率的制度。

1. 餐次及间隔

按照我国居民的生活习惯，正常情况下执行一日三餐制。两餐间隔要适宜，一般混合食物在胃内停留时间为 4 ～ 5 h，所以两餐间隔以 4 ～ 6 h 为宜。

2. 能量分配

每餐能量的分配也要适应劳动需要和生理状况。比较合理的分配是：早餐占全天总能量的 25% ～ 30%，午餐占全天总能量的 40%，晚餐占全天总能量的 30% ～ 35%。考虑到早餐要满足上午工作、学习的需要，又因为早上起床食欲较差，因此建议选择体积小、能量高的食物。午餐既要补充上午的能量消耗，又要满足下午工作、学习的需要，所以占全天总能量比例应最多，并应多吃一些富含蛋白质、脂肪的食物。而夜间活动少，能量消耗不大，因此晚餐能量应稍低，以清淡为主。

3. 保证营养，增进食欲

要合理编制食谱并正确烹饪加工，减少营养素的损失，使食物的色、香、味、形多样化，增进用餐者的食欲。

4. 保持清洁卫生，防止食物污染

烹饪从业人员须具备食品卫生和烹饪的基础知识，使烹调过程各个环节都能达到要求。

模块 四

食品卫生与安全

学习单元一　烹饪各环节的卫生要求

一、原料初加工的卫生要求

烹饪原料初加工的卫生是指烹饪原料在拣洗、宰杀、切割、分档过程中的卫生。

（1）要选择质量好的烹饪原料。

（2）初加工原料应生熟分开。

（3）拣洗过程中要清除有害物质。

（4）注意保持操作环境的卫生。

二、制作工艺的卫生要求

（1）保持操作台面的卫生。

（2）烹调中要将原料烧熟煮透。

（3）合理控制火候，防止有害物质的产生。

（4）调味品的使用卫生。

（5）用具、器具卫生。

三、食品储存的卫生要求

餐饮企业储存各类食品的仓库应将原料、半成品、成品分开存储，生食品与熟食品分开，有特异气味的食品（如水产）与容易吸收气味的食品（如面粉、茶叶、饼干）不能储存在一起。储存杀虫剂和其他有毒物品的仓库严禁储存食品。食品储存的方法主要有物理储存法和化学储存法。

1. 物理储存法

（1）低温储存。

（2）高温杀菌。

（3）脱水干燥储存。

2. 化学储存法

化学储存法包括使用防腐剂、烟熏和提高渗透压等方法。

四、食品销售的卫生要求

食品销售的卫生包括食品在运输过程中的卫生和销售过程中的卫生。

1. 食品运输过程中的卫生

（1）避免食品及原料在运输过程中被污染。

（2）分类、分装运输。

（3）严禁使用装载过农药、化肥或其他有毒物品的运输工具装运食品。

（4）缩短运输时间，尽量避免拆包重装，防止食品在运输过程中受到污染和腐败变质。

2. 食品销售过程中的卫生

（1）加强宣传教育。

（2）提高认识。

（3）防止污染。

（4）注意食品的分包。

学习单元二 厨房设备、用电、用气安全知识

一、电器设备安全检查

在使用厨房电器设备前，应先检查电源插座是否完好，电源线和接头是否安全，有没有漏水、热气冒出以及异常噪声等情况，确保安全使用。

二、防范危险气体或液体聚集

使用厨房电器设备时，要警惕和防范危险气体或液体聚集，如燃气、油烟等。要定期检查排气、排水管道是否存在堵塞、漏水等情况，确保厨房的安全。要使用专用的易燃气体检测仪定期检测空气中的易燃气体浓度，以免发生事故。

三、正确使用厨房设备

要坚持规范操作程序，如果是大型设备，必须让专业技术人员接管；使用时要认真熟悉说明书中的警示信息，以免不当行为给自己造成危险；对于电器设备，要注意避免因强行关闭给电器造成损坏；应制定厨房设备安全生产规章制度，从制度上防止厨房安全事故的发生。

四、设备定期保养和维护

使用过的厨房设备，应及时做好保养及维护工作，定期检查设备，检查的内容包括设备表面、管道、电源线等。如果发现设备有异常情况要及时采取措施，进行维修或更换，确保设备使用安全。

五、厨房安全用电

厨房安全用电是指厨房生产过程中及厨房生产环境等方面的用电安全。厨房安全用电是保证工作人员顺利制作菜点的前提，是维持厨房正常工作秩序和节省额外开支的重要措施，是保障工作人员人身安全和企业财产安全而实施的必要措施。因此，为了保障工作人员在生产过程中的人身安全，同时确保安全生产，厨师及加工人员必须不断提高综合素质，贯彻落实厨房安全用电制度。

六、安全用电制度主要内容

（1）指定用电安全责任人。

（2）按要求选用设备。

（3）张贴操作规程说明牌。

（4）定期检查。

（5）随时观察。

（6）规范检修。

七、用气安全知识

（1）定期检查燃气软管、接头，使用燃气时，必须保持通风并有人照看，用气完毕应关闭灶前阀。

（2）勿私自接装、改装燃气设备，勿在燃气设备间内堆放易燃物品。

（3）勿随意倾倒液化气残液，应将液化气残液交由充装单位统一回收，防止残液遇到明火发生燃烧爆炸。

（4）当嗅到燃气异味时，应迅速关掉燃气总阀门，打开门窗通风，禁止使用明火和电器开关，不得在燃气泄漏场所拨打电话、手机。

学习单元三　防火、防爆安全知识

一、火灾的预防

预防火灾是厨房安全任务的重中之重。厨房内常有电器、管道、易燃易爆物品，是火灾高发地。为了避免厨房火灾的发生，需要掌握以下知识。

1. 由燃料引起的火灾

燃料一般分为固体燃料、液体燃料和气体燃料。气体燃料又称燃气，可分为天然气、人造煤气和液化石油气等。使用厨房燃气灶应遵守以下安全管理规定。

（1）燃气灶操作人员必须经过专门培训，掌握安全操作燃气灶的基本知识。

（2）员工进入厨房应首先检查灶具是否有漏气情况，如果发现漏气，禁止开启电器开关（包括电灯）。

（3）员工进入厨房前应打开防爆排风扇，以便清除沉积于室内的燃气。

（4）操作前应检查灶具的完好情况。

（5）点火时，必须执行“火等气”的原则。

（6）各种燃气灶具开关均必须用手操作。

（7）做好灶具的清洁保养工作，确保安全使用燃气灶具。

（8）非厨房人员不得动用燃气灶具。

2. 由电器引起的火灾

由电器引起的火灾主要应从以下几方面进行预防：正确安装电器设备，安装防漏电保护装置；厨房电器通电后不能离人，当离人、停用、停电或发现厨房电器有异常情况时，必须立即切断电源；严禁厨房电器线路超负荷运行。

3. 安全防火规定的主要内容

（1）厨房工作人员均必须经过安全防火知识的培训。

（2）厨房工作人员均必须经过专门培训才能操作厨房设备。

（3）凡是高温加热设备，尤其是明火加热设备，在使用中必须有人看守。

（4）使用燃气、燃油的设备必须按照规范要求定期检查，日常使用中也要注意检漏。

（5）对于电器设备，要经常检查零部件、线路接头等处的连接和绝缘等，电器设备性能必须符合安全规定。

（6）对于容易产生油垢或积油的地方，必须经常清洁，避免着火。

二、灭火的措施

（1）关闭阀门，迅速灭火。用灭火器、干粉灭火剂、湿棉被等扑打火焰根部迅速灭火。

（2）火势严重无法控制时，应立即疏散人员，迅速离开现场，在没有燃气泄漏的地方，拨打 119 火警电话报警。

（3）燃气泄漏着火时，不要在房间内打电话，不要开灯，不要有金属摩擦，不要拉断电闸。

三、防爆安全知识

1. 燃气爆炸的预防

爆炸可分为化学性爆炸和物理性爆炸。为了防止燃气爆炸，通常需要从以下几方面做好预防。

（1）对燃气灶进行定期检查，老化的灶具应停止使用。

（2）检查燃气胶管，燃气胶管老化、龟裂、因过长而打结拖地等都易造成燃气泄漏。

（3）点火前必须确认燃气阀门的开闭状态，注意燃气阀门有无内漏现象，为预防炉膛内达到爆炸浓度，炉膛应保持负压。

（4）禁止二次点火。

（5）若发现燃气泄漏扩散至室内，应立即打开门窗通风，禁止一切明火。

2. 微波炉爆炸的预防

（1）忌使用封闭容器。

（2）忌油炸食品。

（3）不要使用金属器皿加热。

（4）带壳食物、带密封包装的食品不能直接在微波炉中加热。

（5）炉内应保持清洁。

3. 压力容器爆炸的预防

（1）压力容器使用前，必须检查产品合格证等技术文件。

（2）制定安全操作规程，严格按使用说明书操作。

（3）压力容器的安全保护装置必须完整齐备、灵敏有效，保护装置动作整定值必须正确。

（4）必须请有认证资质的部门进行修理和例行检验。

（5）容器内部有压力时，禁止强行拆卸修理。

模块五

餐饮业成本核算基础知识

学习单元一　餐饮业的成本概念

餐饮业成本的概念是指在餐饮产品制作过程中所有的支出。厨房范围内只计算直接体现在产品中的消耗，即构成菜品原材料的支出总和。它包括了制作菜点的主料、配料和调料，有时也包括燃料费用；至于其他消耗费用一般不进行具体计算。

一、餐饮产品成本的要素

餐饮产品的原料主要分为三大类：主料、辅料、调味料。这三类原料即餐饮产品成本的三要素。

1. 主料

主料是制作餐饮产品的主要原料，一般以面粉、大米和鸡、鸭、鱼、肉、蛋等为主，有时各种海产品、干货、蔬菜和豆制品也作为主料。主料的数量一般占餐饮产品的 70%，并且它所需要的费用也是最多的。当不分主料、辅料时，可以理解为所用原料均为主料。

2. 辅料

辅料是制作餐饮产品的辅助材料。辅料一般使用的数量不多，但是有些辅料的价格也较昂贵，不可以粗略计算。

3. 调味料

调味料是制作餐饮产品的调味用料，例如油、盐、酱油、味精、胡椒粉等都是调味料，它的主要作用是调节餐饮产品的口味。调味料在餐饮产品制作过程中是不可缺少的，但用量较少，一般调味料的成本占餐饮产品成本的 1% 左右，也有一些餐饮产品的调味料价格会高于主料的价格，因此，进行成本核算时要特别注意调味料的成本。

餐饮产品的成本计算公式：餐饮产品成本 = 主料成本 + 辅料成本 + 调味料成本

二、餐饮业成本核算方法

餐饮业成本核算的方法一般是按照厨房实际使用的原料计算已售出的餐饮产品所消耗的原料费用。

成本核算公式：耗用原材料成本 = 厨房原材料本次核算周期初结存额 + 本次核算周期领用额 – 厨房原材料本次核算周期末盘存额

学习单元二　成本计算基础知识

一、出料率的计算

出料率是表示原材料利用程度的指标，是原材料加工后可用部分的质量与加工前原材料总质量的比率。其中可用部分的质量称为净质量，加工前原材料的总质量称为毛质量。

出料率在餐饮业中有多种名称，如净料率、熟品率、出材率、生料率、拆卸率等，但计算方法是一样的。

计算公式：出料率 = 加工后可用原料质量 ÷ 加工前全部原料质量 ×100%

例题

油桃 2 500 g，经加工得油桃肉 2 050 g，求油桃的出料率。

分析：油桃的出料率 = 2 050 g ÷ 2 500 g × 100% = 82%

答：油桃的出料率是 82%。

二、净料成本的计算

净料是指可直接用于制作菜品的原料，包括经加工配制为成品的原料和购进的半成品原料。

1. 单一净料的成本核算

（1）毛料经过初加工处理后只有一种净料，没有得到可以作价利用的下脚料和废料。

计算公式：净料成本 = 毛料总值 ÷ 净料质量

例题 1

10 kg 芹菜的总价为 16 元，经过去皮、去根和洗涤后的净菜为 8 kg，净菜的每千克成本是多少？

分析：净菜成本 =16 元 ÷ 8 kg = 2 元 / kg

答：净菜的每千克成本是 2 元。

（2）毛料经过处理后得到一种净料，并得到可作价利用的下脚料和废料。

计算公式：净料成本 =［毛料总值 –（下脚料价款 + 废料价款）］÷ 净料质量

例题 2

带骨腿肉 9 kg，每千克 20 元，经分档加工，得到肉皮 1 kg，每千克作价 12 元，骨头 2 kg，每千克作价 7 元，出净肉 6 kg，净肉每千克的成本是多少？

分析：净料成本 =［9 kg × 20 元 /kg–（1 kg × 12 元 /kg+2 kg × 7 元 /kg）］÷ 6 kg ≈ 25.67 元 / kg

答：净肉每千克的成本约为 25.67 元。

2. 多种净料的成本核算

（1）毛料处理后得到多种净料以往没有计算过所得净料的单位成本。如果所有净料的单位成本都是以往没有计算过的，那么可以根据这些净料的质量，逐一确定它们的单位成本，各档净料成本之和等于毛料进货总值。（这里确定的净料成本主要是从企业的成本管理角度出发，不同的净料成本要加以确定，不为其他因素而改变。）

计算公式：净料总值 1+ 净料总值 2+ 净料总值 n = 一料多档的总值（进货总值）

例题 3

猪后腿两只 15 kg，每千克单价 16 元，共计 240 元。经整理和拆卸分档，得到精肉 8 kg，肥膘 4 kg，肉皮 1.5 kg，腿骨 1.5 kg。企业根据进货总值来大致确定其各部分的成本，根据以往的经验，假定精肉每千克 20 元，腿骨每千克 10 元，肉皮每千克 16 元，肥膘每千克的成本是多少？

分析：肥膘成本 =［240 元 –（20 元 / kg × 8 kg+10 元 / kg × 1.5 kg+16 元 / kg × 1.5 kg）］÷ 4 kg =10.25 元 / kg

答：肥膘每千克的成本为 10.25 元。

（2）净料部分单位成本已知。在所有净料中，如果有些净料成本是已知的，另外一些未知，那么可以先把已知的那部分计算出来，然后根据市场行情与未知净料质量，确定其成本。

例题 4

一批肉鸭 88 kg，每千克进价 16 元，共计 1 408 元。经整理和拆卸分档得到鸭肉 43 kg，鸭架 30 kg，鸭头爪 11 kg，鸭肝 4 kg。已知鸭架每千克 8 元，鸭头爪每千克 12 元，鸭肉每千克的成本是多少？

分析：可以先将鸭头爪和鸭架的成本总值计算出来，从肉鸭进货总值中扣除这部分价款，在扣除后的总值范围内，即 1 408 元 –30 kg × 8 元 / kg – 11 kg × 12 元 / kg = 1 036 元，根据市场行情和净料质量，逐一确定鸭肉和鸭肝的单位成本。同时，也应保持各档净料成本之和等于进货总值。根据市场行情，鸭肝每千克 10 元，可计算得出鸭肉成本。

鸭肉成本 =（1 036 元 – 4 kg × 10 元 / kg）÷ 43 kg ≈ 23.16 元 / kg

答：鸭肉每千克成本约为 23.16 元。

（3）需要计算其中一种净料成本。如果只有一种净料的单位成本需要测算，其他净料成本都是已知的，就可先把这些已知净料的总成本计算出来，从毛料的进货总值中扣除后，再确定其单位成本。

计算公式：一种净料成本 =［毛料进货总值 –（其他各档净料成本总和 + 下脚料和废料价款）］÷ 净料质量

例题 5

一只活鸭重 3 kg，每千克进价 15 元，经过宰杀、去毛、去血得到光鸭 2 kg，准备分档取肉，其中鸭翅占 10%，鸭腿占 30%，鸭爪头、内脏等下脚料占 35%，鸭肉占 25%。已知鸭翅的单价为 26 元 / kg，鸭腿的单价为 28 元 / kg，下脚料的单价为 8 元 / kg，鸭肉每千克的成本是多少？

分析：鸭肉成本 =［3 kg × 15 元 / kg –（2 kg × 10% × 26 元 / kg + 2 kg × 30% × 28 元 / kg + 2 kg × 35% × 8 元 / kg）］÷（2 kg × 25%）= 34.8 元 / kg

答：鸭肉每千克的成本为 34.8 元。

三、调味料的成本核算

根据生产类型的不同，调味料成本核算方法大致可分为以下两种。

1. 单件成本核算法

单件成本指的是制作单件餐饮产品的调味料成本，也称为个别成本。核算时，先要把各种调味料的用量估算出来，然后按其进价分别算出成本，再逐一相加，即得到单件餐饮产品的调味料总成本。计算公式如下：

单件餐饮产品调味品成本 = 耗用的调料 1 成本 + 调料 2 成本 + 调料 n 成本

例题 1

一位厨师制作一批酱鸡爪，共用掉鸡爪 200 元，花椒 15 元，八角 15 元，桂皮 2 元，草果 1 元，丁香 1.5 元，其他香料共计 10 元，这批酱鸡爪的调料成本为多少元?

分析：酱鸡爪的调料成本 =15 元 + 15 元 + 2 元 + 1 元 + 1.5 元 + 10 元 = 44.5 元

鸡爪 200 元为原料价格，不应算在调料价格中。

答：这批酱鸡爪的调料成本为 44.5 元。

2. 平均成本核算法

平均成本也称综合成本，指的是批量制作餐饮产品的单位调味料成本。具体核算时应分两步进行。

第一，用容器估量法或体积估量法算出制作某种餐饮产品所需要的调味料用量及成本。这种核算方法多用于成批制作餐饮产品，所用调味料总量较多的情况。

第二，在统计好之后就可以运用公式计算该产品的调味料成本。

批量制作餐饮产品平均调味料成本的计算公式如下：

批量制作餐饮产品平均调味料成本 = 批量生产耗用的调味料总值 ÷ 餐饮产品总量

例题 2

厨房用牛肉 20 kg 制作酱牛肉，经过加工后得到成品酱牛肉 18 kg，经过称量和计算，共用去各种调味料的数量和价格为：酱油 6 瓶，成本 42 元；老抽 1 瓶，成本 12 元；盐 100 g，成本 0.4 元；冰糖 300 g，成本 4 元；料酒 3 瓶，成本 15 元；各种香料共 1 000 g，成本 200 元。每份（300 g）酱牛肉的调味料成本是多少?

分析：酱牛肉 18 kg = 18 000 g

制作酱牛肉的调味料总成本 = 42 元 + 12 元 + 0.4 元 + 4 元 +

15 元 + 200 元 = 273.4 元

每份酱牛肉的调味料成本 = 273.4 元 ÷（18 000 g ÷ 300 g）≈ 4.56 元

答：每份（300 g）酱牛肉的调味料成本约为 4.56 元。

四、菜点成品成本的计算

消耗的各种原材料的成本之和称为餐饮产品的成本，即将所消耗的各种原材料成本累加就可得出某一菜点的成本。

1. 批量制作单一菜品的总成本计算

在批量制作单一菜品时，可将所用到的全部主料成本、辅料成本和调味料成本相加，即为批量制作单一菜品的总成本。

例题 1

某酒店制作一批软炸虾仁，用到虾仁 2.5 kg，鸡蛋 1.5 kg，面粉 300 g，淀粉 600 g。已知虾仁每千克 60 元，鸡蛋每千克 8 元，面粉每千克 4 元，淀粉每千克 8 元，自制椒盐的成本为 6 元，制作这一批软炸虾仁的总成本是多少？

分析：面粉 300 g = 0.3 kg，淀粉 600 g = 0.6 kg

虾仁的成本 = 2.5 kg × 60 元 / kg = 150 元

鸡蛋的成本 = 1.5 kg × 8 元 / kg = 12 元

面粉的成本 = 0.3 kg × 4 元 / kg = 1.2 元

淀粉的成本 = 0.6 kg × 8 元 / kg = 4.8 元

软炸虾仁的总成本 = 150 元 + 12 元 + 1.2 元 + 4.8 元 + 6 元 = 174 元

答：制作这一批软炸虾仁的总成本为 174 元。

2. 单件制作菜品的总成本计算

除卤制品及其他少数品种外，绝大部分的菜品都是以单件制作的，其成本可按先分后总法进行计算，将每道菜品的成本相加得到总成本。

例题 2

厨房接到通知，需要制作 20 份水煮鱼。每份水煮鱼需要用草鱼肉 500 g，豆芽 300 g，黄瓜 200 g，干辣椒 50 g，麻椒 60 g。已知草鱼肉每千克 30元，豆芽每千克 4元，黄瓜每千克 8元，干辣椒每克 0.16元，麻椒每克 0.14元，其他调味料成本共 5元，制作 20份水煮鱼的成本是多少？

分析：草鱼肉 500 g = 0.5 kg，豆芽 300 g = 0.3 kg，黄瓜 200 g = 0.2 kg

草鱼肉的成本 = 0.5 kg × 30 元 / kg = 15 元

豆芽的成本 = 0.3 kg × 4 元 / kg = 1.2 元

黄瓜的成本 = 0.2 kg × 8 元 / kg = 1.6 元

干辣椒的成本 = 50 g × 0.16 元 /g = 8 元

麻椒的成本 = 60 g × 0.14 元 / g = 8.4 元

1 份水煮鱼的成本 = 15 元 + 1.2 元 + 1.6 元 + 8 元 + 8.4 元 + 5 元 = 39.2 元

20 份水煮鱼的成本 = 39.2 元 × 20 = 784 元

答：制作 20 份水煮鱼的成本是 784 元。

3. 批量制作主食、点心的成本计算

在对批量制作主食、点心的成本进行核算时，可采用先总后分的方法，即先计算出总成本，再除以相应的份数，即可得到单独一份主食、点心的成本。

例题 3

某厨房主食加工间要制作卷心菜肉包，用到卷心菜 1 500 g，猪肉馅 500 g，面粉 2 500 g，共制作了 60 个卷心菜肉包。已知卷心菜

每千克 4 元，猪肉馅每千克 24 元，面粉每千克 4 元，调味料成本共 5 元，每个卷心菜肉包的成本是多少？

分析：卷心菜 1 500 g = 1.5 kg，猪肉馅 500 g = 0.5 kg，面粉 2 500 g = 2.5 kg

卷心菜的成本 = 1.5 kg × 4 元 / kg = 6 元

猪肉馅的成本 = 0.5 kg × 24 元 / kg = 12 元

面粉的成本 = 2.5 kg × 4 元 / kg = 10 元

60 个卷心菜肉包的成本 = 6 元 + 12 元 + 10 元 + 5 元 = 33 元

1 个卷心菜肉包的成本 = 33 元 ÷ 60 = 0.55 元

答：每个卷心菜肉包的成本是 0.55 元。

模块六

原料加工与切割

学习单元一　鲜活原料的初加工

一、果蔬类原料初加工的质量要求

对果蔬类原料的清洗整理加工，要根据果蔬类原料特点，遵从原料初加工的要求和原则，选择适当的加工方法进行合理加工。果蔬类原料初加工的主要方法包括择剔、削剔加工和浸泡、洗涤加工；择剔、削剔加工的主要方法有择、剥、削、撕、刨、剜等；浸泡、洗涤加工常用流水冲洗、盐水泡洗、高锰酸钾溶液洗涤等方法。

1. 根据果蔬的基本特性加工

果蔬因种类和食用部位不同，有不同的特性，加工果蔬时应熟悉其质地，合理加工，获取净料。

2. 根据烹调和食用的要求加工

果蔬加工要根据烹调加工方式的不同，采用不同的初加工方法，以利于进一步的烹调加工。应根据成菜要求，选用不同部位的原料，满足菜品的需求。

3. 根据清洁卫生、食用安全的要求加工

果蔬在种植、采摘、运输过程中，会携带一些不符合食用要求的物质，要采取适当的方法去除泥土、杂物、虫卵等，然后进行洗

涤，确保原料符合饮食卫生要求。另外，清洗后的果蔬类原料应注意保存，防止二次污染。

4. 根据合理取舍、保持营养的要求加工

果蔬加工要避免浪费，要尽量保留可食用部分，降低成本。加工后的果蔬类原料要合理利用，同时防止原料产生不良变化。为保持果蔬类原料的营养成分，要做到原料先洗后切，切后即用。

二、果蔬类原料初加工的方法

根据果蔬类原料品种，选用正确的初加工方法和食用部位是烹制好菜肴的前提，见表 6–1。

表 6–1 果蔬类原料初加工的方法及技术要点

加工方法	技术要点
择剔加工	择剔加工是将枯黄叶、老根、杂物等不可食用的部分择除，并清除泥沙等污物
削剔加工	根茎类和瓜果类蔬菜原料一般需先切除头尾和根须，原料清洗后再进行去皮加工。常用的去皮方法是削剔去皮法，即用刀削去不能食用的部分。个别处理好的原料要注意防止氧化而出现褐变情况，将处理好的原料浸泡在清水中，使用时再取出
浸泡、洗涤加工	冷水洗涤、盐水洗涤、高锰酸钾溶液洗涤、洗涤剂洗涤

三、家禽类原料清洗整理

家禽类原料是制作菜肴的重要原料之一，使用广泛，常用的有

鸡、鸭、鹅、家鸽、鹌鹑等。家禽类原料的组织结构大致相同，其初加工的方法也基本相同，一般都要经过宰杀、烫泡、煺毛、开膛去内脏、洗涤几个环节。

1. 家禽初加工质量要求

（1）割喉时割断气管和血管，放尽血液

宰杀家禽时为了节约加工时间，可同时割断其血管、气管，确保顺利放血，这样家禽会迅速断气死亡、流尽血液。如果气管、血管没有完全割断或者血液排不尽，会导致禽肉色泽发红，从而影响烹饪菜肴的成品质量，同时还限制了原料的用途。

（2）符合卫生要求，防止污染

家禽加工时要防止细菌和微生物的侵蚀，防止原料交叉污染。特别是在开膛处理内脏时不要碰破胆囊，以免污染肉质。口腔、刀口处、腹腔、肛门等部位应用冷水冲洗干净，确保原料的卫生，特别是禽类的内脏必须反复冲洗，直至血污冲洗干净为止，有的还需用盐搓洗干净，否则会影响菜肴的颜色和口味。

（3）控制好水温和煺尽禽毛

家禽煺毛要根据原料的品种、肉质的老嫩和季节的变化来调控烫泡时的水温和烫泡的时间，这一环节相当关键。一般情况下，烫泡肉质老的家禽水温要高，时间应略长。冬季烫泡家禽水温偏高，时间略长，春夏秋三季的水温偏低，时间要短一些。不同禽类品种烫泡的时间和水温有所不同，鸡的肉质较嫩，而鸭、鹅的肉质较老，所以烫泡的时间要长而且水温要高。另外，禽毛是否煺尽是判断初加工质量好坏的重要标准，加工时既要煺尽禽毛，又要保证禽皮完整无破损，以免影响菜肴整体质量。

(4) 物尽其用，适合烹调要求

禽类的各个部位都有其用途，如肝、心、胗、肠等都可用来烹制菜肴，头、爪、翅可用来卤、煮汤等。因此，初加工时应注意保存，提高利用价值，降低成本。根据烹饪要求可选取不同的开膛方式，最常用的方式是腹开，这种开膛方法适用于一般的烹调方法；以扒、蒸制的烹调方法烹制菜肴时，一般选用背开的方法；烤制时用整只家禽制作菜肴，一般选用腋开的方法。

2. 家禽开膛方法

开膛是为了清除内脏，但开膛要根据烹制菜肴的要求采用不同的方式，如腹开、背开、腋开等。必须按照正确方法掏出内脏，而且一定要小心有序，如果破坏了嗉囊和胆囊，将给后期的加工带来影响。

开膛后取出内脏，再根据不同内脏的特性，采取不同方式进行加工处理，从而满足菜肴的下一步加工要求。开膛的方法通常有腹开、背开和腋开三种，见表 6–2。

表 6–2 开膛的方法及技术要点

开膛方法	技术要点
腹开	先用刀在鸡颈右侧靠近嗉囊处开一小口，轻轻取出嗉囊、食道和气管。再在鸡腹部与肛门之间开一刀口，长 6 cm 左右，左手掌用力托住背脊，右手两指伸入刀口处，用手轻轻掏出全部内脏（注意不要拉破苦胆与肝脏），割断肛门与肠连接处，清洗干净
背开	用左手按稳鸡身，使鸡背向右，右手用刀顺着鸡的背脊骨从尾部至头部方向劈开，取出全部内脏，下刀时注意刀口要直、浅，过深的刀口会使刀尖刺碰苦胆，影响口感。最后用清水冲洗干净，此开膛方法适用于扒、清炖、蒸等烹调方式

续表

开膛方法	技术要点
腋开	将鸡身侧放，右翅向上，左手掌跟按稳鸡身，手指勾起右鸡翅，用右手持刀在鸡右翅膀下开一刀口，长度 5 cm 左右，再用右手中指和食指伸入，将全部内脏轻轻拉出，用清水反复冲洗干净

不论采用何种方法开膛取内脏，都应注意两个方面：一是去内脏时，不能碰破肝胆；二是内脏中的肫、肠、肝、心等均可烹制菜肴，因此不能随意丢弃。

3. 家禽内脏加工

禽类的内脏大多可食用，加工时应坚持节约、卫生的原则，尽可能保护其营养成分。

（1）肝

先用手去除附在肝叶上的胆囊，用刀割去印在肝叶上的胆色肝，再将肝放在清水盆里，左手将其托起，右手轻轻地泼水漂洗，直到水清、胆色变淡为止。清洗时切忌用水冲，泼水用力要轻，防止肝破碎。

（2）心

加工时，挤尽心肌部血管内的瘀血，用清水洗净。

（3）肫

用剪刀顺着肫上部的贲门和连接肠子的幽门管壁将其剪开，冲洗掉肫内的污物，剥去内壁黄皮，然后用少许食盐涂抹在肫上，轻轻地揉搓，除去黏液，再用清水反复冲洗至无黏滑感。

（4）肠

加工时，先将肠子理成直条，抽去附在肠上的两条白色胰脏，去掉肠外污物，然后用剪刀头穿入，将肠子剖开，用水冲洗掉肠内的污物，再将其放在碗内，加入食盐或米醋，用力揉搓以除去肠壁上的黏液，用水冲洗干净，直到手感不黏滑、无腥膻气味为止。也可将处理洗净后的肠子放入沸水锅略烫一下取出，但要注意时间不宜过久，以免质感变老，难以咀嚼。

（5）油脂

禽类的油脂常常分布于禽体腹腔内和包裹在肠、胗的外面，经过加工，可以制成滋味清香、鲜浓，色黄而艳的明油。

以鸡明油的加工为例，先将洗净的鸡油切成小块放入碗内，加入葱、姜、料酒，上笼蒸至油脂融化后取出，除去葱和姜等杂物后即成。

4. 家禽洗涤

（1）除去绒毛、血污

家禽经初加工处理后，要除去绒毛。禽类在宰杀、煺毛，去内脏和血液后，其身体上还会残留很多较细小的绒毛，不易用手清理干净，可用少许酒精（或高度酒）涂抹后点燃，烧去残留绒毛。

（2）洗涤

禽类经初加工处理后，必须用冷水清洗干净，特别是禽类的腹腔必须反复冲洗，直至将血污冲净为止，否则影响烹饪效果。除冲洗禽身外，还应注意将易污染、藏污的部分洗涤干净，如口腔的洗涤、腹腔的洗涤、颈处气血管和甲状腺的清除等。

四、有鳞鱼类原料的清洗整理

有鳞鱼按照生活的水质分为淡水类、海水类，按照生活的水域分为海洋类、江河类、湖泊类和池塘类等。有鳞鱼类在烹饪中应用比较广泛，但因用途不同，其加工方法也有所不同。

1. 有鳞鱼类初加工质量要求

（1）熟悉原料组织结构，根据菜肴要求加工

有鳞鱼原料的品种繁多，形状、品质各异，首先应熟悉原料的组织结构；其次还要根据原料的用途和烹调要求合理地进行初加工。有鳞鱼加工时一般都要进行刮鳞处理，但是个别有鳞鱼体表的鳞片含有的脂肪可以增加鱼的鲜美滋味，并且鳞片柔软，加工时不需要进行刮鳞处理。多数有鳞鱼都要剖腹取内脏，个别鱼类菜品为了保持外形完整，要求不剖腹，处理时只需从鱼口将其内脏卷出即可。

（2）去除污秽杂质，勿弄破苦胆，确保清洁卫生

有鳞鱼原料表面有鳞片、沙砾等不符合食用要求的物质，加工时都要去掉，同时要尽量除去腥味、异味，保证菜肴的质量。鱼肉营养丰富，这为细菌和其他微生物提供了适宜的生长环境。鱼类都有苦胆，如将苦胆弄破，胆汁会使鱼肉的味道变苦，影响菜肴质量，甚至无法食用，在开膛时应加以注意。因此，在加工原料时务必除尽污秽杂质，确保清洁卫生，尤其是在加工生食原料时更应严格注意，避免交叉污染，符合卫生要求，保证成品质量。

（3）合理使用原料，避免原料浪费

有鳞鱼原料的合理使用是企业控制成本的关键，尤其是体型较

大的鱼类原料，应根据不同部位的特点来制作，合理地使用边角余料制作特殊菜肴或辅料，从而提高原料利用率，节约成本。

（4）尽可能保持营养成分

鱼类产品的营养价值都比较高，初加工时要注意尽可能保持鱼的营养成分，减少营养素损失，提高鱼类产品的食用价值。

2. 有鳞鱼类初加工步骤

有鳞鱼类初加工步骤和技术要点，见表 6–3。

表 6–3 有鳞鱼类初加工步骤和技术要点

加工步骤	技术要点
宰杀	有些鱼类宰杀时需要先放血，其目的是使鱼肉质洁白、无血污、无腥味。放血的基本方法是将鱼按在砧板上，在鱼鳃外下刀，切断鳃根，放入盆中，让血流尽
刮鳞	刮鳞时用刀或刮鳞器，通常是从鱼尾至头逆鱼鳞生长方向刮去鳞片，要注意刮鳞时不要弄破鱼皮，特别应注意鱼头及腹部的鳞片也要刮干净。但有些特殊鱼类原料要保持鱼体鳞片，如鲥鱼，因其鱼鳞富含脂肪，故烹调时不用去除，以增加鱼体的香味
去鳃	采用剪刀或者使用刀尖、刀根剔除，也可用手掏出，有时需要用专用工具，如铁钳或竹枝从鳃盖或口中夹住拧出
开膛去内脏	开腹取脏法、开背取脏法、夹鳃取脏法
洗涤	有鳞鱼的腹腔壁内黏附着一层黑色的薄膜，带有腥味，加工时要用刀轻轻刮除，然后用冷水洗净腹腔

另外，要根据成菜的需求，用刀修整鱼的胸鳍、腹鳍、背鳍、尾鳍，以确保菜肴成品外形美观。

五、无鳞鱼类原料清洗整理

无鳞鱼类的体表有发达的黏液腺，分泌的黏液有较重的腥味，且非常黏滑。因此，无鳞鱼类的清洗加工主要是去除黏液。加工时一定要将黏液去除干净，否则会影响菜品的口味和口感。

1. 无鳞鱼类原料初加工技术要求

无鳞鱼类去除黏液的方法应根据烹调要求和无鳞鱼类的品种来确定。其加工的技术要求主要有以下几个方面。

（1）除尽污秽杂物

无鳞鱼类体表一般有较重的污秽、黏液等，在加工中应尽量除去。其内脏、鱼鳃等杂物也必须去除干净，以保证菜肴的质量不受影响。

（2）按用途或品种加工

无鳞鱼类一般从腹部取出内脏；有的从背脊开口处取内脏；也有在鱼的喉咙和肛门处分别横划一刀，从喉咙处取出内脏。取内脏的具体方法要根据用途的不同进行选择。

（3）切勿弄破苦胆

鱼在剖腹时，要注意刀路和深度，切勿弄破苦胆。胆汁会使鱼肉的味道变苦，影响菜肴的质量，甚至无法食用。

（4）合理使用原料

对于体型比较大的无鳞鱼类，初步加工应注意分部位取料，合理使用，防止浪费。如体型大的鳗鱼，头可以用于煲汤，内脏可以焖，鱼身则可以加工成块、片、条以及制茸等。如剔鱼时，鱼骨要尽量不带肉；下脚料要充分利用，如鱼骨可用于熬汤等。

2. 无鳞鱼类原料初加工步骤

无鳞鱼类原料初加工步骤及技术要点，见表 6–4。

表 6–4 无鳞鱼类原料初加工步骤及技术要点

加工步骤	技术要点
洗涤	将鱼放入清水中洗净，除尽污秽杂质
宰杀	将鱼摔晕，在头后颈部切一缺口放出血液
去黏液	无鳞鱼类一般都有黏液，可以将宰杀好的鱼放进 80 ℃左右的热水中短时间浸泡，使黏液凝固，然后再搓洗去除黏液
剖腹	有两种方法：一是从鱼的肛门与腹鳍之间，沿肚腹开一直刀破肚，取出内脏，并将附着在腹内的黑膜去除；二是在鱼的喉咙处与肛门正中各开一横刀，割断鱼肠，再用两根竹筷从鱼喉咙处交叉插入肚内卷出内脏，这种方法可以保持鱼体完整
去鳃	用刀将鱼鳃切除干净
清洗干净	将鱼的血水、污物清洗干净待用

学习单元二　干货原料的初加工

干货原料又称干货、干料，是指由鲜活的动植物原料经过加工、脱水、干制而成的原料。其特点是含水量很少，组织紧密，具有干、老、硬、韧的特点，不能直接烹调或食用。干货类烹饪原料在烹饪中主要用作菜肴的主料，有时也作为配料使用，以增加菜肴的品种，还可以作为特殊风味原料使用，增加菜肴特色，也可作为调色料或调香料使用。

由于干货原料品种较多，特点各异，其分类的方法也比较多。根据干货原料的性质和特点进行分类，一般可将干货原料分为植物性干货原料和动物性干货原料两大类。其中，植物性干货原料又可分为干菜类干货原料、食用藻类干货原料、食用菌类干货原料和食用药材类干货原料；动物性干货原料又可分为陆生动物性干货原料、水生动物性干货原料和其他类干货原料。

干货原料在烹调前必须先进行涨发，尽可能使其恢复到原有的鲜嫩、松软状态，以达到烹调与食用的要求。

一、常见干货原料涨发的主要原则

在干货原料涨发的过程中，要根据原料的特性把握以下几个原则。

1. 尽量保持原料原有的特性

在冷水中能够涨发好的干料，尽量在冷水中涨发。用冷水涨发可以减缓高温所引起的物理变化和化学变化，如香气的逸散、呈味物质的浸出、颜色的变化等。在冷水中难以发好的干料，或要加快水发速度，则可以用热水涨发，但是它造成的营养成分的损失和色香味的变化要比冷水涨发大得多。对香味比较突出的原料，如香菇，应该尽量用冷水涨发。

2. 根据原料的特点选择合适的涨发方法

干货原料因为产地、季节、加工方法的不同，所选择的涨发方法也应该多种多样。具体适合哪种方法，应该根据其成分、结构、干制时所用的方法、干燥程度、杂质含量而定，这样才能获得理想的涨发效果。如木耳、香菇适合冷水涨发，干贝适合蒸发等。

3. 掌握操作程序，控制涨发程度

有些干货原料涨发容易，程序简单，如香菇类，只需要冷水浸泡，去伞柄洗净即可。但是有些干货原料，涨发加工程序繁复，颇费工夫。在操作过程中，要认真对待涨发过程中的每一个环节，熟悉掌握各个环节的涨发技术。

另外，干货原料在涨发时，逐步回软返嫩，因此在除污去杂时一定要小心谨慎，尽量不要破坏原料原来的形体，不要把一些易碎易断的原料弄得支离破碎、凌乱不堪。在浸泡时，还必须注意容器的干净清洁，不能用沾有油渍、污垢的锅浸泡或者漂洗，以免影响原料的质量，尤其是对一些名贵的干品，更需要认真对待。

二、常见干货原料涨发的主要方法

常见干货原料涨发方法主要有水发加工和油发加工。

1. 水发加工

水发加工是最普遍、最基本的发料方法，它是利用水的浸润能力，使已脱水的干料重新吸收水分而恢复软嫩状态的方法。除了有黏性、油质及表面有皮鳞的原料外，无论油发还是碱发，都需要与水发相结合，即先经过浸泡或浸漂的过程。水发加工又可分为冷水发料和热水发料两种。

（1）冷水发料

把干货原料放在冷水中，使其自然吸收水分，尽量恢复到新鲜时的软、嫩状态和形状，这种发料方法就是冷水发料。

冷水发料可分为浸和漂两种，但以浸为主。浸就是把干料放进冷水中浸泡，使其吸收水分而涨大回软，恢复原形，或浸出其中异味。体小质嫩的干货，如冬菇、竹荪、黄花、木耳等就采用冷水浸泡的方法。体大质硬的干货在用碱水发和热水发料之前，也要用冷水浸泡一定时间，以提升发料的效果。

漂是一种辅助的发料方法，往往用于整个发料过程的最后阶段，就是将煮发、碱发、盐发过的带有腥气、碱气的原料放入冷水中，不断地用水漂洗，以清除其异味和杂质。如海参、鱼皮等在煮发之后，要用冷水漂洗去碱；肉皮、鱼肚在盐发或油发之后，要用冷水漂洗去油或盐等。

（2）热水发料

把干货原料放在热水中用各种加热方法促使原料加速吸收水分，涨大回软，成为松软嫩滑的半熟或全熟的半成品，这种发料方法就是热水发料。热水发料一般可分为以下 4 种。

1）泡发。泡发就是将干料放入沸水或温水中浸泡，使其吸水涨大。这种方法适用于体小质嫩或略带异味的干料，如鱼干、银耳、发菜、粉条、脱水干菜等。

2）煮发。煮发就是将干料放入水中煮，使其涨发回软。这种方法适用于体大质硬或带泥沙及腥臊气味较重的干料，如海参、鱼皮等。

3）焖发。焖发是和煮发相结合的一个操作过程。经煮发但不宜久煮的干料，当煮到一定程度时，改用微火或倒入盆内，或将煮锅移开火位，盖紧盆（锅）盖，进行焖发。如海参等就需要又煮又焖，才能发透。

4）蒸发。蒸发就是将干料放在容器内加水上笼蒸制，利用蒸汽传热，使其涨发，并能保持其原形、原汁和鲜味，也可加入调味品或其他配料一起蒸制，以提高质量。如金钩、鲍鱼、干贝等都需要蒸发。

在热水发料之前，必须先用冷水浸泡和洗涤，以便热发时能缩短发料时间，提高原料的质量。热水发料对菜肴品质影响很大，如果原料涨发不透，制成的菜肴就僵硬而难以下咽。反之，如果涨发过度，制成的菜肴就过于软烂。所以，必须根据原料的品种、大小、老嫩等具体情况和烹调的实际需要，分别选用不同的水温和涨发形式，并掌握好发料时间和火候，以达到最佳的原料涨发效果。

热水发料是一种广泛应用的涨发方法，适用于绝大部分肉类干制品及山珍海味干制品。

2. 油发加工

油发加工是将干货原料放在油锅中加热，利用油的传热作用，使干料中所含的少量水分蒸发而变得膨胀、松脆。油发一般适用于富含胶质、结缔组织的干料，如鱼肚、蹄筋、肉皮等干货原料。

油发前，先要检查原料是否干燥，如已受潮，应先烘干，否则不易发透。油发时，一般宜将干料放入冷油锅或温油锅中慢慢加热，火力不宜过旺，否则会使干料外焦而内不透。特别是在干料开始涨发时，应减小火力，或将锅端离火眼片刻，使其里外发透。油发后因原料很干脆，故必须放在温水中浸泡去油，再用热水浸泡，使其回软，最后用清水漂洗。

干货原料油发加工的步骤和技术要点，见表 6–5。

表 6–5 干货原料油发的步骤和技术要点

步骤	技术要点
温油浸泡	把干货原料放入温油锅（80 ℃左右）中浸泡，直至体积缩小，质地变软，并慢慢浮到油面上，呈半透明状，表面均匀布满小气泡
热油冲发	将油温逐渐提高至 150 ℃左右，原料逐渐由软变硬，开始发生膨化，随着油温的继续升高（不超过 200 ℃，可加少许凉水“点水助发”）和时间的延长，膨化越来越明显，直到原料组织从外到里全部膨松，达到稳定状态，即发透。在操作中，有时需要将原料从油锅中捞起，待油温升高后再放入加热
清水浸泡	将发好的原料捞出，放入清水中浸泡，直至回软。然后放入 1% 浓度的纯碱溶液中轻轻按揉，洗去油污，再反复用清水揉洗数次，去掉碱味，最后用清水浸泡

学习单元三 刀工刀法基础

刀工是根据烹调和食用的需要，把不同质地的烹饪原料加工成适合烹调需要的各种形状的技术。刀法指的是具体的行刀技法。

一、刀工及刀法的分类

依据刀身与原料的接触角度，刀法主要可以分为直刀法、平刀法和斜刀法。

1. 直刀法。直刀法是刀刃朝下，刀与原料或砧板面保持垂直角度的一类刀法。按用力的大小和手、腕、臂膀运动的方式又可分为切、剁、砍等。

（1）切。切是烹饪活动中使用最多的刀法，是指刀与砧板、原料保持垂直上下运动的技法。切时，以腕力为主、小臂为辅运刀。适用于植物性和动物性无骨原料。操作中根据运刀方向的不同，又可分为直切、推切、拉切、锯切、铡切、滚料切等。

1）直切。直切又称“跳切”，是运刀方向直上直下的切法。操作时，通过刀对原料施加的压力和刀本身落下的重力将原料切断，其力量较小而猛。一般适用于脆嫩的植物性原料，如黄瓜、莴笋、萝卜、莲藕、菜头等。如图 6–1 所示。

2）推切。推切是指运刀方向由刀身的右后上方向左前下方推进的切法，用推力和压力的合力将原料切断，一推到底，其力量大而缓。一般适用于各种韧性原料，如牛（羊、猪）肉、猪肚等，以及细嫩易碎、体积小的原料，如肝、腰、豆腐干、大头菜等。如图 6–2 所示。

图 6–1　直切

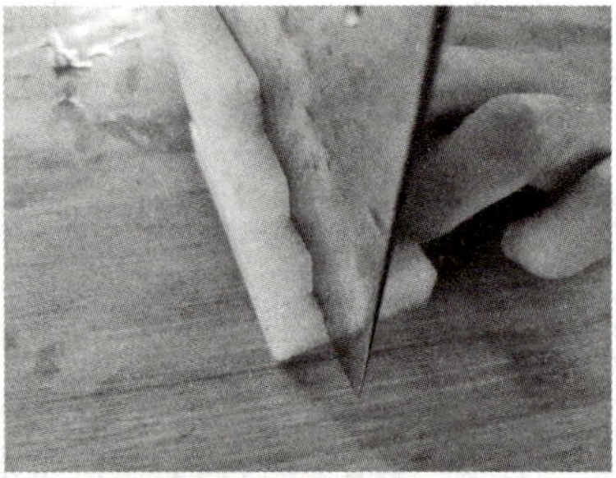

图 6–2　推切

3）拉切。拉切又称拖刀切，用力情况与推切相似，只是向前推力改为向后拉力，刀的着力点在前端，运刀方向由左前上方向右后下方拖拉的刀法。一般适用于体积小、质地细嫩、韧性较弱的原料，如鸡脯肉、嫩瘦肉、黄瓜等。如图 6–3 所示。

图 6–3　拉切

4）锯切。锯切又称推拉切，是推切和拉切的交替运用。运刀方向前后来回推拉，一推一拉如拉锯般切断原料的方法，用力比推切和拉切更平缓。一般适用于质地坚韧或松软易碎的原料，如面包、蛋糕、熟火腿、熟酱肉、卤牛肉等。如图 6–4 所示。

图 6–4 锯切

5）铡切。刀与原料或砧板面垂直，刀刃的中端或前端对准被切原料的部位，两手同时用力或单手用力压切断料的方法。铡切又可细分为交替铡切法、击掌铡切法和平压铡切法。铡切必须右手握刀柄左手按住刀背前部，用力向下切断原料。一般适用于带壳、体小圆滑、略带小骨的原料，如花椒、熟蛋、烧鸡、蟹等。如图 6–5 所示。

图 6–5 铡切

6）滚料切。滚料切又称滚刀切、滚切，刀与砧板面垂直，左手持料有规律地朝一个方向滚动，原料每滚动一次，刀作直切或推切一次将原料切断的方法。一般适用于圆形或圆柱形的脆性原料，如莴笋、土豆、黄瓜、胡萝卜等。如图 6–6 所示。

（2）剁。小臂用力，刀刃距原料 5 cm 以上垂直用力，迅速使原料断离。根据用力的大小，剁可分为排剁、直剁、刀尖剁等。

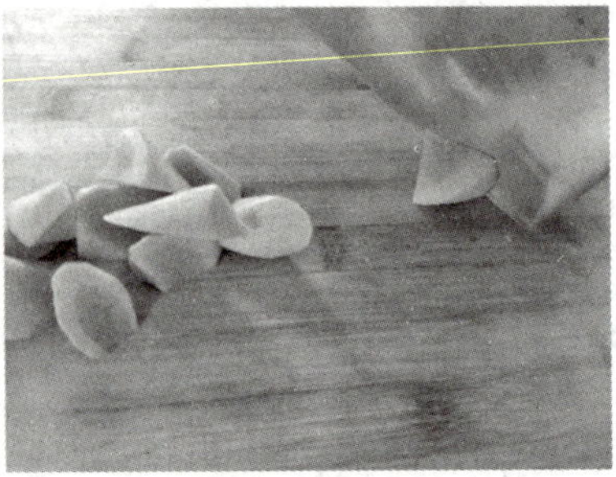

图 6–6　滚料切

1）排剁。操作时要求两手各持一刀，两刀呈“八”字形，与砧板面垂直，上下交替运动。这种刀法加工效率较高。如图 6–7 所示。

图 6–7　排剁

2）直剁。操作时要求刀与砧板面垂直，刀上下运动，抬刀较高，用力较大。这种刀法主要用于将原料加工成末的形状。如图 6–8 所示。

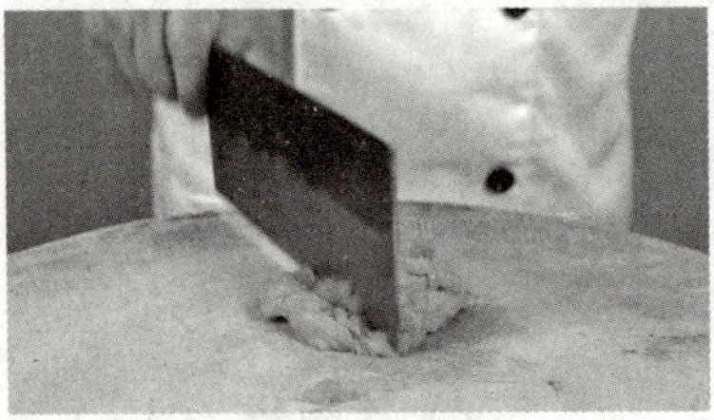

图 6–8　直剁

3）刀尖剁。操作时要求刀垂直上下运动，用刀尖或刀跟在片状原料上扎排许多均匀的刀缝，来斩断原料中的筋膜，防止原料因受热而卷曲变形，同时也便于调料渗透，以及扩大受热面积。如图 6–9 所示。

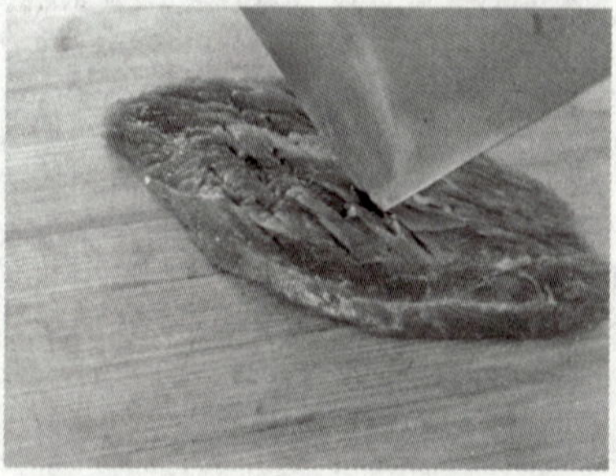

图 6–9 刀尖剁

（3）砍。砍又称劈，是直刀法中用力和刀的运动幅度最大的一种刀法，一般适用于加工质地坚硬或带大骨的原料，也可用于加工整料。

1）直刀砍。采用这种刀法操作时，左手扶稳原料，右手将刀举起，刀上下垂直运动，对准原料被砍的部位，用力挥刀直砍下去，使原料断开。这种刀法主要用于将原料加工成条、块、段等形状，也可用于分割大型带骨的原料。如图 6–10 所示。

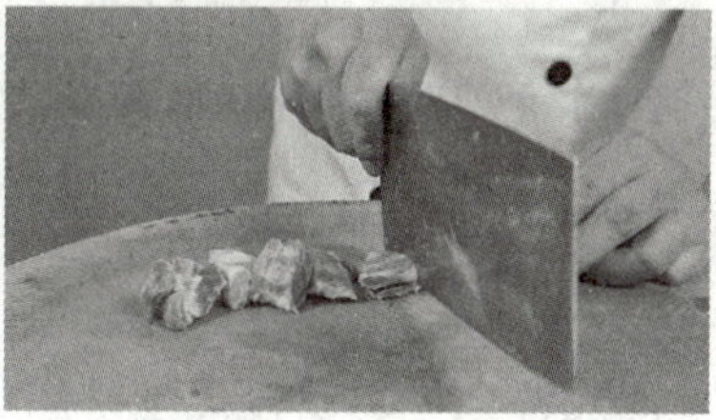

图 6–10 直刀砍

2）跟刀砍。采用这种刀法操作时，要求左手扶稳原料，刀刃垂直嵌牢在原料被砍位置内，刀运行时与原料同时上下起落，使原料断开。这种刀法主要用于将原料加工成块的形状。如图 6–11 所示。

图 6–11　跟刀砍

3）拍刀砍。采用这种刀法操作时，要求右手持刀，并将刀刃架在原料被砍的位置上，左手或半握拳或伸平，用掌心或掌根拍击，将原料砍断。这种刀法主要是把原料加工成整齐、均匀、大小一致的块、条、段等形状。如图 6–12 所示。

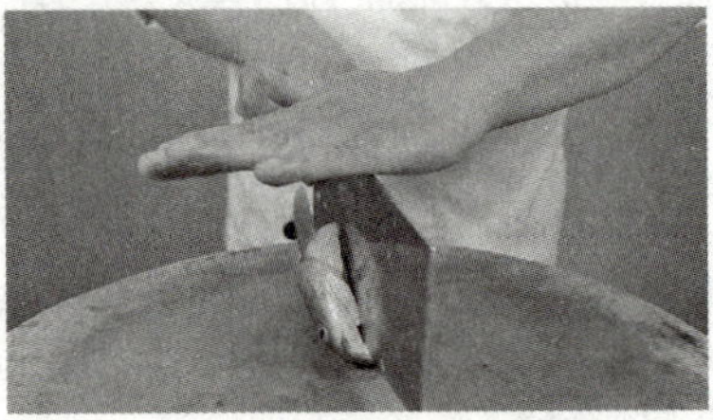

图 6–12　拍刀砍

2. 平刀法。平刀法是指刀与砧板面平行呈水平运动的技法。这种刀法可分为平刀直片、平刀推片、平刀拉片、平刀推拉片、平刀滚料片、平刀抖刀片等。

（1）平刀直片。采用这种刀法操作时，要求刀膛与砧板面平行，刀作水平直线运动，将原料一层层地片开。运用这种刀法主要是将原料加工成片的形状。在片的基础上，再运用其他刀法加工成丁、粒、丝、条、段或其他几何形状。如图 6–13 所示。

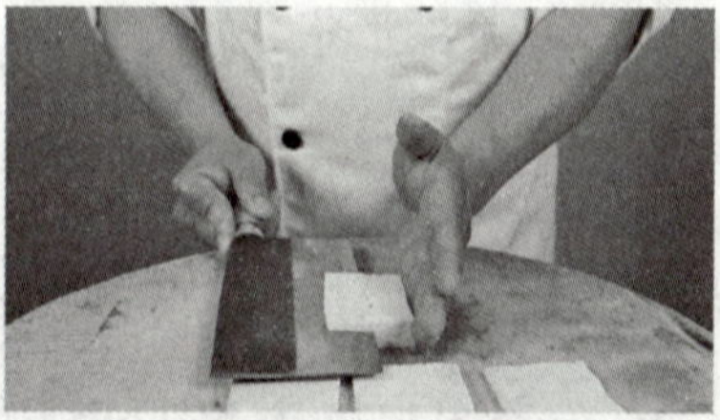

图 6-13　平刀直片

（2）平刀推片。这种刀法通常分为上推片法与下推片法两种，操作时要求刀膛与砧板面保持平行，刀从右后方向左前方运动，将原料一层层地片（批）开，这种刀法主要用于把原料加工成片的形状。在片的基础上，运用其他刀法可再加工成丝、条、丁、粒等形状。如图 6-14 所示。

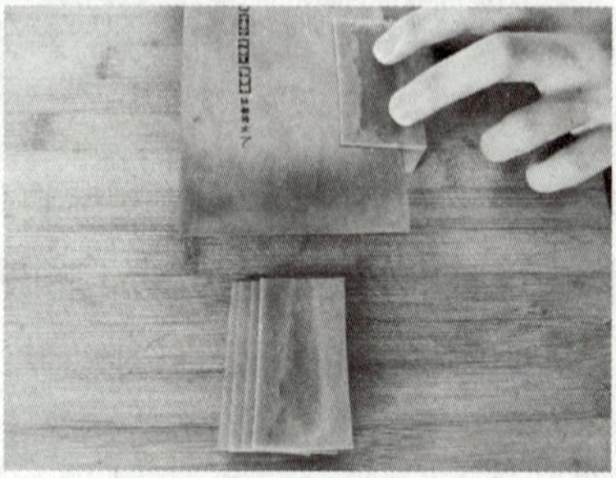

图 6-14　平刀推片

（3）平刀拉片。这种刀法在操作时要求刀膛与砧板面平行。刀从左前方向右后方运动，一层层地将原料片（批）开。此法主要是将原料加工成片的形状。在片的基础上，运用其他刀法可加工成丝、条、丁、粒等形状。如图 6-15 所示。

（4）平刀推拉片。平刀推拉片（批）是一种将推刀片与拉刀片连贯起来的刀法。操作时，刀先向左前方推片，接着再行刀向右后方拉片，如此反复推拉片，使原料完全断开。应用这种方法效率较高，主要用于将原料加工成片的形状。如图 6–16 所示。

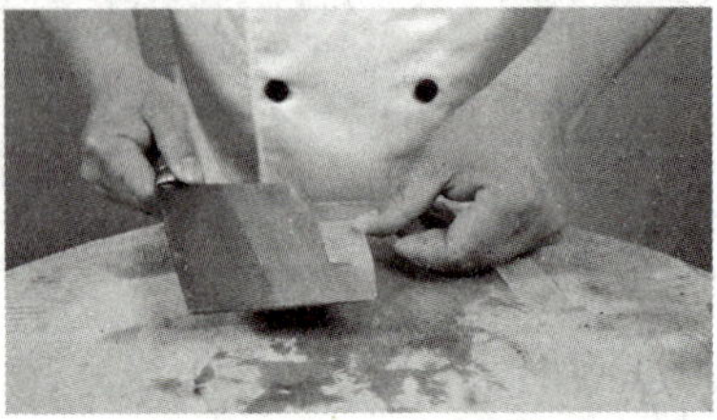

图 6–15　平刀拉片

图 6–16　平刀推拉片

（5）平刀滚料片。平刀滚料片（批）又称旋片（批），可以分为滚料上片法与滚料下片法两种。要求刀膛与砧板面平行，刀从右向左运动，原料向左或向右不断滚动，片（批）下原料。应用这种刀法主要是将原料加工成片的形状。如图 6–17 所示。

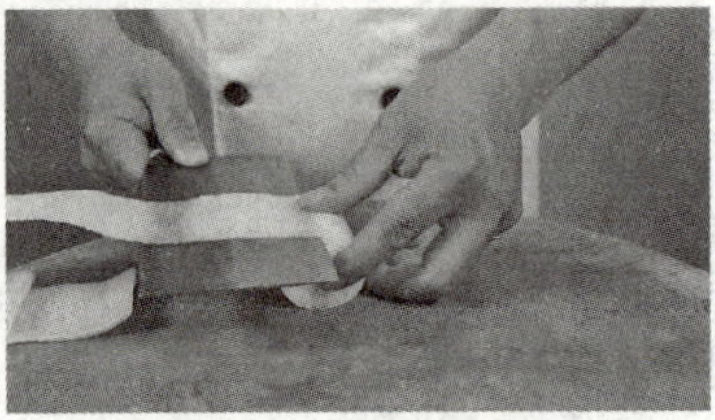

图 6–17　平刀滚料片

（6）平刀抖刀片。采用这种刀法操作时要求刀膛与砧板面保持平行，刀刃不断做波浪式运动（抖动），将原料一层层地片（批）开。

平刀抖刀片主要是将原料加工成锯齿片形状，在锯齿片的基础上，运用其他刀法，可再加工成齿牙状的条、丝、段等形状。如图 6–18 所示。

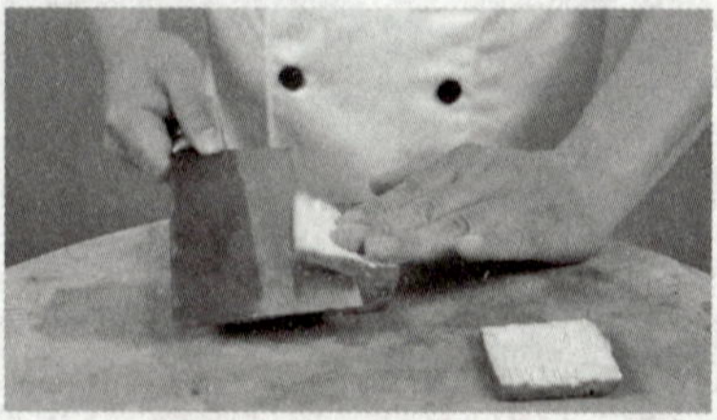

图 6–18 平刀抖刀片

3. 斜刀法。斜刀法是一种刀与砧板面呈斜角，刀作倾斜运动将原料片开的方法。这种刀法按刀的运动方向可分为斜刀拉片、斜刀推片等。

（1）斜刀拉片。采用这种刀法操作时，要求将刀身倾斜，刀背朝右前方，刀刃自左前方向右后方运动，将原料片（批）开。如图 6–19 所示。

图 6–19 斜刀拉片

（2）斜刀推片。采用这种刀法操作时，要求刀身倾斜，刀背朝左后方，刀刃自左后方向右前方运动。应用这种刀法主要是将原料加工成片的形状。如图 6–20 所示。

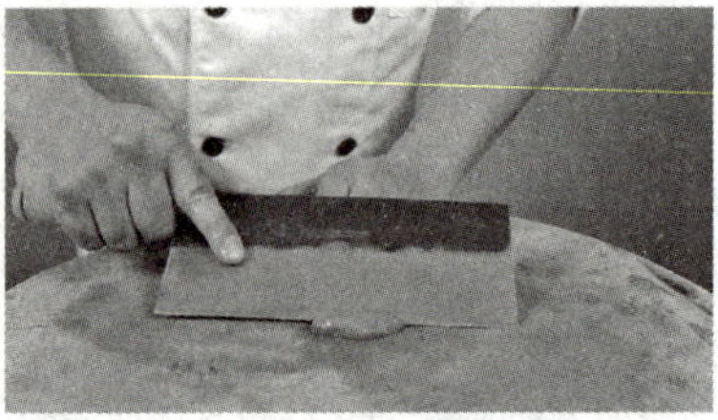

图 6-20　斜刀推片

二、各种刀法的操作方法及要领

1. 直切法

(1) 操作方法

1) 左手扶稳原料。

2) 用左手中指第一关节弯曲处顶住刀身，手掌按在原料或砧板面上。

3) 右手持刀，用刀刃的中前部位对准原料被切位置，刀垂直上下运动将原料切断。如此反复，直至原料切完为止。

(2) 操作要领

1) 右手持刀稳，手腕灵活，运用腕力，稍带动小臂。

2) 左手扶稳原料，并根据所需原料的规格（厚薄、长短）向左后方向匀速移动。

3) 左右两手密切配合，有节奏地作匀速运动，灵活自如，刀距相等，不能忽宽忽窄或按住原料不移动。

4) 刀在运行时，刀身不可里、外倾斜，作用点在刀刃的中前部位。

2. 推切法

（1）操作方法

1）左手扶稳原料，用中指第一关节弯曲处顶住刀身。

2）右手持刀，用刀刃的前部对准原料被切位置。

3）刀从上至下，自右后上方朝左前下方推切下去，将原料断开。如此反复，直至原料切完为止。

（2）操作要领

1）右手持刀稳，手腕灵活，通过手腕的起伏摆动，使刀产生一个小弧度，加大其运行距离。

2）左手扶稳原料，并根据所需原料的规格（厚薄、长短）向左后方向匀速移动。

3）左右两手密切配合，有节奏地作匀速运动，刀距相等，不能忽宽忽窄或按住原料不移动。操作时，进刀轻柔有力，下切刚劲，刀前端开片，后端断料。

3. 拉切法

（1）操作方法

1）左手扶稳原料，用中指第一关节弯曲处顶住刀身。

2）右手持刀，用刀刃的中后部位对准原料被切位置。

3）刀从上至下，自左前方朝右后方拉切，将原料断开。如此反复，拉切至原料切完为止。

（2）操作要领

1）拉切与推切是运刀方向相反的一种刀法，是由前向后拉切断料。

2）拉切在操作时，刀刃前端略低，后端略高，着力点在刀刃前端，用刀刃轻轻地向前推切一下，再顺势将刀刃向后一拉到底，即所谓“虚推实拉”。拉切时，要注意通过手腕的摆动，使刀在原料上产生一个弧度，从而加大刀的运行距离，避免产生连刀，用力要均匀有力，将原料彻底拉切断开。

4. 锯切法

（1）操作方法

1）左手扶稳原料，用中指第一关节弯曲处顶住刀身。

2）右手持刀，用刀刃的前部对准原料被切位置。

3）刀在运动时，先向左前方运行，刀刃移至原料的中部之后，再将刀向右后方拉回，将原料断开。如此反复，锯切至原料切完为止。

（2）操作要领

1）刀与砧板面保持垂直，且刀在前后运行时用力要小，速度要缓慢，动作要轻松。

2）左手扶稳原料，刀在锯切时下压的力度不能太大，避免原料因受压力过大而变形。

5. 铡切法

（1）操作方法

1）左手握住刀背前部，右手握住刀柄。

2）刀刃前部垂下，后部翘起，刀刃的中部对准被切的原料，右手用力压切。

3）再将刀刃前部翘起，接着左手用力压切，如此上下反复交替压切。

（2）操作要领

1）双手配合协调，用力均匀，以断料为度。

2）刀压住所切的原料时要稳，动作宜快，一刀切好。

6. 滚料切

（1）操作方法

1）左手扶稳原料，用中指第一关节弯曲处顶住刀身。

2）右手持刀，用刀刃的前部对准原料被切位置，原料要与刀保持一定的斜度。

3）运用推切的刀法，将原料切断。

4）每切完一刀，即把原料朝一个方向滚动一次。如此反复，直至原料切完为止。

（2）操作要领

1）左手扶料，右手持刀，双手密切配合，边滚边切。

2）刀与原料的斜度必须保持一致，切出的成品才能整齐划一。

7. 排剁

（1）操作方法

1）两手各持一刀，两刀呈“八”字形。

2）两刀垂直上下交替排剁，切勿相碰。

3）当原料剁到一定程度时，两刀各向相反方向倾斜，用力将原料铲起归堆，继续行刀排剁。

（2）操作要领

操作时，用手腕带动小臂上下摆动，挥刀将原料剁碎，同时要勤翻原料，使其均匀细腻，抬刀不可过高，避免将原料甩出，造成浪费。

8. 直剁

（1）操作方法

1）原料放置在砧板中间，左手扶砧板边，右手持刀，把刀抬起。

2）用刀刃的中前部位对准原料，用力剁碎。

3）当原料剁到一定程度时，右手使刀身倾斜，用刀将原料铲起归堆，再反复剁碎原料，直至达到要求。

（2）操作要领

操作时，用手腕带动小臂上下摆动，挥刀将原料剁碎，同时要勤翻原料，使其均匀细腻，用刀要富有节奏，注意抬刀不可过高，避免将原料甩出，造成浪费。

9. 刀尖剁

（1）操作方法

1）左手扶稳原料，右手持刀，将刀柄提起，刀尖对准原料。

2）刀尖在原料上反复起落，扎排刀缝。

3）如此反复进行，直至符合加工要求。

（2）操作要领

刀要保持垂直起落，刀缝间隙要均匀，下刀用力不可过大，轻轻将原料扎透即可。

10. 直刀砍

（1）操作方法

1）左手扶稳原料，右手持刀，将刀举起。

2）用刀刃的中部对准原料被砍的部位。

3）一刀将原料砍断，如此反复，直至原料砍完为止。

（2）操作要领

右手握稳刀柄，防止脱手；将原料放平稳，左手扶料，要离落刀点远一些，防止伤手。落刀要稳、准、狠，力求一刀砍断原料，尽量不重刀。

11. 跟刀砍

（1）操作方法

1）左手扶稳原料，右手持刀，用刀刃的中部对准原料要砍位置，紧嵌在原料内部。

2）左手持原料并与刀同时举起。

3）刀与原料同时落下，用力向下砍断原料，如此反复进行，直至达到要求。

（2）操作要领

左手扶料要稳，确定原料要砍部位，并且刀刃要紧嵌在原料内部，以确保原料不脱落，原料与刀同时举起同时落下，向下用力砍下原料，一刀未断开，可连续砍，直至原料完全断开。

12. 拍刀砍

（1）操作方法

1）左手扶稳原料，右手持刀，刀刃对准原料要砍位置。

2）左手离开原料并举起。

3）用掌心或掌根拍击刀背使原料断开。

（2）操作要领

原料要放平稳，用掌心或掌根拍击刀背时用力要充分，刀刃一定要按放在原料要砍部位，不可离开原料，可连续拍击刀背直至原料完全断开为止。

13. 平刀直片

（1）操作方法

1）将原料放置砧板里侧，左手伸直，扶稳原料，手掌和小指外侧支撑砧板面，右手持刀端平，对准原料上端要片开的位置。

2）刀从右向左批进，并将原料批开，在砧板上重叠排列。

3）按此方法，可使片下的原料整齐均匀。

（2）操作要领

1）刀身要端平，刀在运行时，刀膛要紧贴住原料，从右向左运动，使片下的原料形态均匀一致。

2）刀身保持水平，直线批进原料，刀在运行时，下压力要小，以免将原料（固体性原料）挤压变形。

14. 平刀推片上片法

（1）操作方法

1）将原料放置砧板里侧，左手按稳原料，右手持刀，刀刃中部对准原料上端。

2）刀从右后方向左前方片进原料。

3）原料片开后用手按住，将刀移至原料的右前端，把刀抽出，脱离原料，如此反复进行，直至达到要求。

（2）操作要领

刀要端平，用刀膛加力压贴原料，动作由始至终要连贯紧凑。随着刀的运动，左手手指需稍翘起，若一刀未片开，可连续推片，直至原料片开为止。

15. 平刀推片下片法

（1）操作方法

1）将原料放置砧板里侧，左手按稳原料，右手持刀，刀刃前端对准原料下端。

2）用力推片，使原料移至刀刃的中部，片开原料。将未片开余料移至右后端，随即将刀从右后方抽出。

3）用刀刃前部将片下的原料一端挑起，用手按住将刀移至原料的右前端，把刀抽出，原料整齐排叠在砧板右前端。如此反复，直至将原料片完。

（2）操作要领

扶稳原料，防止滑动，刀片进原料后，左手施加下压力，刀在运行时用力要充分，尽量将原料一刀片开，若一刀未片开，可连续推片，直至原料完全片开为止。

16. 平刀拉片

（1）操作方法

1）将原料放置砧板右侧，用刀刃的后部对准原料被片的位置。

2）刀从左前方向右后方运行，用力将原料片开。

3）刀膛贴住片开的原料，向右后方运行至原料一端，随即用刀前端挑起原料一端。用手指压住原料，移至砧板右前端抽出刀，将原料平整地贴附在砧板上。如此反复拉片，直至达到要求。

（2）操作要领

原料要扶稳，防止滑动，刀在运行时要用力均匀，动作连贯，若原料一刀未片开，可连续拉片，直到原料完全片开为止。

17. 平刀推拉片

（1）操作方法

1）将原料放置砧板右侧，左手扶稳原料，右手持刀。

2）首先运用推刀片的方法，起刀片进原料，然后运用拉刀片的刀法继续片料，将两种刀法结合起来。反复推拉片，直至原料完全片断为止。

3）左手指按住起片的原料，放置砧板左侧，将刀抽出，原料贴附在砧板上。如此反复推拉片，直至达到要求。

（2）操作要领

操作时，用左手将原料压实并扶稳，无论推刀、拉刀，运行都要充分有力，动作要连贯、协调、自然，防止原料滑动伤手。

18. 平刀滚料上片法

（1）操作方法

1）将原料摆在砧板里侧，左手扶稳原料，右手持刀与砧板面平行，用刀刃中部对准原料被片位置。

2）左手将原料向右推滚，刀随原料的滚动向左运行片进原料。

3）刀与原料同步运行，直至将原料表皮全部片下为止。

（2）操作要领

刀要端平，不可忽高忽低，防止将原料从中途片断，影响成品质量规格。刀推进的速度要与原料滚动的速度保持一致。

19. 平刀滚料下片法

（1）操作方法

1）将原料摆在砧板里侧，左手扶稳原料，右手持刀与砧板面平行，用刀刃中部对准原料被片位置。

2）左手将原料向左边滚动，刀随之向左片进。继续滚动原料，随原料滚动进刀，直至将原料表皮全部片下为止。

（2）操作要领

刀膛与砧板面始终保持平行，刀在运行时不可忽高忽低，防止影响成品质量。原料滚动的速度应与进刀的速度保持一致。

20. 平刀抖刀片法

（1）操作方法

1）将原料放置砧板右侧，左手按稳原料，右手持刀，刀膛与砧板面平行。

2）刀刃做波浪式抖动。

3）逐渐片进原料，直至片开为止。

（2）操作要领

刀在抖动时不可忽高忽低，刀距要相等。

21. 斜刀拉片

（1）操作方法

1）将原料放在砧板里侧，左手伸直扶稳原料，右手持刀。

2）用刀刃的中部对准原料被片位置，刀自左前方向右后方运动。

3）原料断开后，随即左手指微弓，带动片开的原料向右后方移动，使原料离开刀。

（2）操作要领

刀在运动时，刀膛要紧贴原料，避免原料粘走或滑动，刀身的倾斜度要根据原料成形规格灵活调整。每片一刀，刀与右手都要同时移动一次，并保持刀距相等。

22. 斜刀推片

（1）操作方法

1）左手扶稳原料，中指第一关节微曲，并顶住刀膛，右手持刀。

2）刀身倾斜，用刀刃的中部对准原料被片位置。

3）刀自左后方向右前方斜刀片进，使原料断开。如此反复斜刀推片，直至达到要求。

（2）操作要领

刀在运动时，刀膛要紧贴原料，避免原料粘走或滑动，刀身的倾斜度要根据原料成形规格灵活调整。刀要紧贴在左手关节，每片一刀，刀与左手都要同时向左后方移动一次，并保持刀距相等。

学习单元四 植物性原料切割

中式烹调中所用的植物性原料品种繁多，其原料性质与动物性原料不同。植物性原料切割是指运用各种不同的方法，将植物性原料加工成各种形状，从而达到料形美观、易于烹调和适合食用的要求。

一、植物性原料料形的切割规格及技术要求

植物性原料料形的切割规格及技术要求，见表 6–6。

表 6–6 植物性原料料形的切割规格及技术要求

料形种类	切割规格	技术要求
块	菱形块规格长轴约 4 cm，短轴约 2.5 cm，厚约 2 cm；长方块规格长约 4 cm，宽约 2.5 cm，厚约 1 cm；滚料块为规格长 4 cm 的多面体	块形的切面光滑，形状大小规格一致
段	段没有明显的棱角特征，保持原来物体的宽度是段的主要特征。段的长度有一定的规格，分别为 3.5 cm、4.5 cm 和 5.5 cm 三种	段形的切面光滑，形状大小规格一致
条	粗条规格粗约 1.5 cm × 1.5 cm，长约 3.5 cm；中粗条规格粗约 1 cm × 1 cm，长约 3.5 cm；细条规格粗约 0.5 cm × 0.5 cm，长约 3.5 cm	条形的切面光滑，形状大小规格一致
丁	由条形原料上截下的立方体料形统称为丁，分大丁、小丁两种。大丁规格约 2 cm 见方，小丁规格约 1 cm 见方	丁形的切面光滑，形状大小规格一致

续表

料形种类	切割规格	技术要求
片	长方片规格有大、中、小三种，大号规格为 6 cm × 2 cm × 0.2 cm；中号规格为 5 cm × 2 cm × 0.2 cm；小号规格为 3.5 cm × 1.5 cm × 0.2 cm。柳叶片两头微尖，中间略宽，形似柳叶，规格为 5 cm × 1.5 cm × 0.1 cm。菱形片又称象眼片，规格为短对角线约 3 cm，长对角线约 6 cm。夹刀片即一刀断、一刀不断，两片相连的片形	片形的切面光滑，片形均匀，厚薄一致
丝	一般情况下，将细于 0.3 cm × 0.3 cm 以下，长约 4.5 cm 的细长料形称为丝。植物性原料改刀成细约 0.15 cm × 0.15 cm，长约 4.5 cm；或细约 0.1 cm × 0.1 cm，长约 4.5 cm，这两种规格的丝较多	丝形粗细均匀，根根分清，互不粘连，长短规格一致
粒、末	植物性原料粒形规格约 0.1 cm 见方；末形规格比粒形更小些	粒形、末形要求形状规格一致

二、植物性原料料形在烹饪中的运用

原料切割成形的过程必须符合食品卫生、膳食营养、物尽其用、避免浪费的要求。

1. 植物性原料“块”形在烹饪中的运用

（1）适应原料：韧性、脆性原料。

（2）用途举例：笋块、萝卜块、土豆块等。

（3）加工要求：用于烧、焖的块可稍大些，用于熘、炒的块可稍小些；原料质地松软、脆嫩的块可稍大一些，质地坚硬的块可稍小些；对于块形较大的还应在其背面剞上花刀，以便成熟入味，缩短烹调时间。

2. 植物性原料“段”形在烹饪中的运用

（1）适应原料：韧性、脆性原料。

（2）用途举例：山药段、葱段、辣椒段等。

（3）加工要求：脆性原料应改细些；韧性原料应改粗些。段的规格大小，可根据原料的特点灵活运用。

3. 植物性原料“条”形在烹饪中的运用

（1）适应原料：软性、脆性原料。

（2）用途举例：茭白条、笋条、冬瓜条、土豆条等。

（3）加工要求：脆性原料应改细些；软性原料应改粗些。条的规格大小，可根据原料的特点灵活运用。

4. 植物性原料“丁”形在烹饪中的运用

（1）适应原料：软性、脆性原料。

（2）用途举例：土豆丁、黄瓜丁、茭白丁、冬瓜丁等。

（3）加工要求：脆性原料应改小些；软性原料应改大些。丁的规格大小，可根据原料的特点灵活运用。

5. 植物性原料“片”形在烹饪中的运用

（1）适应原料：软性、脆性原料。

（2）用途举例：南瓜片、冬瓜片、茭白片、冬笋片等。

（3）加工要求：脆性原料应改薄些；软性原料应改厚些。片的规格大小，可根据菜肴的成品要求灵活运用。

6. 植物性原料“丝”形在烹饪中的运用

（1）适应原料：软性、脆性原料。

（2）用途举例：土豆丝、黄瓜丝、茭白丝、冬笋丝等。

（3）加工要求：脆性原料应改细些；软性原料应改粗些。丝的规格大小，可根据原料的特点灵活运用。

7. 植物性原料“粒、末”形在烹饪中的运用

（1）适应原料：软性、脆性原料。

（2）用途举例：蒜粒、葱粒、蒜末、姜末等。

（3）加工要求：具体的规格大小，可根据原料的特点及烹饪的要求灵活运用。

学习单元五 动物性原料切割

动物性原料切割是指运用各种不同的方法，将动物性原料加工成各种形状，从而达到料形美观、易于烹调和适合食用的要求。原料的形状可以分为基本工艺形与花刀工艺形。本单元介绍的是动物性原料的基本工艺形切割。

一、动物性原料料形的切割规格及技术要求

动物性原料料形的切割规格及技术要求，见表 6–7。

表 6–7 动物性原料料形的切割规格及技术要求

料形种类	切割规格	技术要求
块	菱形块规格长轴约 4 cm，短轴约 2.5 cm，厚约 2 cm；长方块规格长约 4 cm，宽约 2.5 cm，厚约 1 cm；滚料块规格为长 4 cm 的多面体	块形的切面光滑，形状大小规格一致
段	粗段直径约 1 cm，长约 3 cm；细段直径约 0.8 cm，长约 2.5 cm	具体的规格大小，可根据原料的特点及烹饪的要求灵活运用
条	大一字条长约 5 cm，粗约 1.2 cm × 1.2 cm；小一字条长约 4 cm，粗约 0.8 cm × 0.8 cm；筷子条长约 6 cm，粗约 0.6 cm × 0.6 cm；象牙条长约 5 cm，粗约 1 cm × 1 cm	条形的切面光滑，形状大小规格一致，无大小头

续表

料形种类	切割规格	技术要求
片	长方片规格为长约 5 cm，宽约 2.5 cm，厚约 0.2 cm；柳叶片规格为长约 6 cm，宽约 1.5 cm，厚约 0.3 cm；菱形片规格为长对角线约 5 cm，短对角线约 2.5 cm，厚约 0.2 cm，指甲片规格为边长约 1.2 cm，厚约 0.1 cm	根据原料的性质不同，来确定片的规格。成形的料形应规格一致，厚薄均匀
丝	根据切丝的粗细分为头粗丝、二粗丝、细丝、银针丝。头粗丝规格为长约 8 cm，横切边长约 0.3 cm；二粗丝规格为长约 8 cm，横切边长约 0.2 cm；细丝规格为长约 8 cm，横切边长约 0.15 cm；银针丝规格为长约 8 cm，横切边长约 0.1 cm	丝状规格一致，无大小头，无连刀
丁、粒、末	丁的大小取决于条的粗细与片的厚薄。粒的形状较丁小，大的形如黄豆，小的形如绿豆。粒的成形方法与丁相同。末的形状是一种不规则的形体，其大小形如米粒或油菜籽。末的成形是通过直刀剁或铡切加工完成的。大丁切成约 1.5 cm 见方，小丁切成约 1.2 cm 见方	成形的料形规格一致，丁形应四棱见方，无大小头，无连刀；粒形应料形均匀；末形应粗细均匀

二、动物性原料料形在烹饪中的运用

1. 动物性原料“块”形在烹饪中的运用

（1）适应原料：韧性、脆性、带小骨的原料。

（2）用途举例：鸡块、鱼块、鸭块、猪肉块等。

（3）加工要求：如用于烧、焖的块可稍大些，用于熘、炒的块可稍小些；原料质地松软、脆嫩的块可稍大一些，质地坚硬而带小骨的块可稍小些；对于块形较大的还应在其背面剞上十字花刀，以便成熟入味，缩短烹调时间。

2. 动物性原料“段”形在烹饪中的运用

（1）适应原料：韧性、脆性原料。

（2）用途举例：用于制作炸烹虾段、干烧鳝鱼段等。

（3）加工要求：脆性原料应改细些，韧性原料应改粗些；带骨的直段则应长些。段的规格大小，可根据原料的特点灵活运用。

3. 动物性原料“条”形在烹饪中的运用

（1）适应原料：韧性、脆性、软性原料。

（2）用途举例：用于制作红烧什锦、芫爆鸡条、糖醋肉条、高丽鱼条、萝卜鱼条汤、鱼香荷心等。

（3）加工要求：韧性原料应细一些，脆性原料、软性原料应粗一些，用于烧、扒、炸的原料应粗一些。

4. 动物性原料“片”形在烹饪中的运用

（1）适应原料：韧性、细嫩软性、脆性等原料。

（2）用途举例：羊肉片、鱼片、猪肉片、牛肉片、鸡片等。

（3）加工要求：汤菜、熘菜的片要薄些，爆、炒用的片则可稍厚；质地松软易碎烂的原料需要厚些，质地较硬或带有韧性的原料则可稍薄些。

5. 动物性原料“丝”形在烹饪中的运用

（1）适应原料：脆性、软性、韧性等原料。

（2）用途举例：用于制作冬笋肉丝、干煸牛肉丝、鲜熘鸡丝等。

（3）加工要求：质韧而老的原料应切得细一些；用于汆、煮等烹调方法的丝，应切得细一些；用于炸、炒等烹调方法的丝，应切得粗一些。

6. 动物性原料“丁、粒、末”形在烹饪中的运用

（1）适应原料：韧性、脆性、软性、硬实性原料。

（2）用途举例：用于制作陈皮兔丁、宫保鸡丁、青椒肉丁、清蒸狮子头、碎米鸡丁、肉馅等。

（3）加工要求：具体的规格大小，可根据原料特点及烹饪的要求灵活运用。

模块七

原料预制

学习单元一　上　浆

在经过刀工处理的原料表面，粘裹一层以淀粉为主要原料调制而成的黏性浆状物质，这种加工技术称为上浆。上浆所需的黏性浆状物质一般都较稀薄，用量也较少，原料上浆后最好放置一定时间再加热，其广泛用于炒、爆、熘、汆、烧、烩、焖的烹调方法。上浆也可用于原料预熟处理方法，如焯水、滑油前的原料预处理，适用于质地细嫩的鸡、鸭、鹅、猪、牛、羊、鱼、虾、蟹等各类烹饪原料，原料需加工成丝、条、丁、片等。

一、浆的种类

浆的种类、浆料构成及制品特点，见表 7–1。

表 7–1　浆的种类、浆料构成及制品特点

种类	浆料构成	制品特点
水粉浆	食盐、味精、料酒、水、淀粉等	质感滑嫩
蛋清浆	食盐、味精、料酒、蛋清、淀粉等	柔滑软嫩，色泽洁白
全蛋浆	食盐、味精、料酒、全蛋液、淀粉等	滑嫩，微带黄色
蛋黄浆	食盐、味精、料酒、蛋黄、淀粉等	滑嫩，黄色
苏打浆	食盐、味精、料酒、小苏打、水、蛋清、淀粉等	鲜嫩，滑润
酱品浆	酱品（黄酱、面酱、辣酱等）或酱油、料酒、水、淀粉等	滑嫩，酱色

二、上浆的作用

（1）保持原料水分和固有质地。原料通过上浆处理后，在加热过程中，其表面的浆会缓冲高温对原料组织的直接作用，避免原料组织骤然受热而失水。同时，浆受热可形成胶状致密的外衣，有效阻止原料内部水分的外溢，从而保持原料本身特有的细嫩质地。

（2）改善原料的质感。经上浆处理过的原料，在加热过程中，其表面的浆由于淀粉糊化，在短时间内会形成细腻光亮、细嫩软滑的外表效果，从而具有独有的嫩滑质感。

（3）保护原料形态，增强定型效果。烹饪原料加工成丝、条、丁、片等形状，在加热过程中容易萎缩变形，甚至碎散不成形。而原料通过上浆处理后，浆料会保护原料的形态，使原料形态完整饱满。特别是当需要经过高温和较长加热时间处理时，对于原料形体需要固定的菜肴，浆料具有良好的固定作用和定型效果，能帮助体现烹饪的艺术性。

（4）提高营养价值，增强调味料的粘裹效果。在烹饪加热过程中，原料的营养成分易被破坏，尤其会导致维生素的损失与蛋白质的变化。上浆处理对原料有显著的保护作用，能够避免营养物质的大量流失，避免营养物质受高温的破坏。

三、上浆的注意事项

浆料的稀稠度要视原料的性质而定；搅拌浆料时应根据其机理做到先慢后快、先轻后重；浆料必须搅拌均匀，不结块；上浆时必须将原料全部包裹。具体注意事项包括以下几个方面。

（1）调制浆料需要的淀粉最好是各种干细淀粉。若是颗粒状淀粉，在使用前应提前浸泡在水中湿润，调制好的浆料最好先放置一会儿，使淀粉粒充分吸水膨胀，以获得较高的黏度，从而增加在烹饪原料上的黏附性。

（2）浆料的浓稠度要根据原料特性灵活掌握。质地较老的原料，本身所含的水分较少，可容纳浆料中较多的水分向内渗透，所以浓度应低一些；质地较嫩的原料，本身所含的水分较多，浆料中的水分向内渗透比较困难，所以浓度就应高一些。特别是一些果蔬原料，因水分较多，受热后容易软烂变形，如果浆料过稀，成品变软就不容易成形，所以果蔬原料使用的浆料应浓稠一些。

（3）对于表面水分较多、表面光滑的原料进行上浆时，可以用干毛巾吸去水分，或在原料的表面先拍上一层干粉，或将浆料调制得浓稠一些，以免降低浆料的黏度，影响浆料的黏附能力，造成烹饪过程中的脱浆现象。

（4）上浆前，原料需要先进行腌制，使其有一定基础味。因为浆状物质受热凝固后，会阻碍调味品的渗透，如果原料没有腌制，成菜后就会不入味，影响呈味效果。

（5）上浆操作时，浆料要均匀地包裹原料，不能出现没有浆料的地方，否则原料的水分会溢出。

学习单元二 挂糊

挂糊是指在经过刀工处理的原料表面，粘裹一层以淀粉为主要原料调制而成的黏性糊状物质。挂糊所需的黏性糊状物质较浓稠，用量也较多，原料挂糊后最好立即加热，使其快速定型。主要应用于炸、煎、烤等烹调方法。挂糊适用于大多数动、植物性原料，原料成形较大，可以是花形原料、块条原料，也可以带骨，甚至是整形原料。

一、糊的种类

糊的种类、用料构成及成品特点，见表 7–2。

表 7–2 糊的种类、用料构成及成品特点

种类	用料构成	成品特点
水粉糊	淀粉、冷水	外焦脆、里软嫩、色金黄
蛋黄糊	鸡蛋黄、冷水、淀粉、面粉、油等	外层酥脆香、里软嫩
蛋清糊	鸡蛋清、冷水、淀粉、面粉、油等	质地松软、呈淡黄色
全蛋糊	全蛋液、冷水、淀粉、面粉、油等	外松脆、内松嫩、呈金黄色
蛋泡糊	鸡蛋清、淀粉、面粉等	外形饱满、质地松软、色泽乳白
脆皮糊	脆炸粉、冷水、淀粉、面粉、油、酵母等	外松脆、内软嫩、色泽金黄
发粉糊	面粉、淀粉、发酵粉、温水等	涨发饱满、松而带香、色泽淡黄

二、挂糊的作用

（1）保持原料水分和固有质地。糊受热可形成胶状致密的外衣，有效阻止原料内部水分的外溢，从而保持原料本身特有的细嫩质地。

（2）改善原料的质感。经挂糊处理过的原料，在加热过程中，其表面的糊由于淀粉糊化，当加热时间长、加热温度高时，往往会使糊骤然受热，使水分大量快速流失，形成色泽金黄、香味浓郁、质地松脆的外表效果，大大丰富了菜肴质感，并形成了独特的内外质感的对比效果。

（3）保护原料形态，增强定型效果。在加热过程中，糊会保护原料的形态，使原料形态完整饱满。特别是当需要经过高温和较长加热时间处理时，对于原料形体需要固定的菜肴，糊具有良好的固定作用和定型效果，能帮助体现烹饪的艺术性。

（4）提高营养价值，增强调味料的粘裹效果。在烹饪加热过程中，原料的营养成分易被破坏，尤其会导致维生素的损失与蛋白质的变化。挂糊处理对原料有显著的保护作用，能够避免营养物质的大量流失，避免营养物质受高温的破坏，同时表面的淀粉又对加入的调味料和汤汁有较好的裹覆性，从而促进了整个菜肴的调味效果。

三、挂糊的注意事项

挂糊的稀稠度要视原料的性质而定；搅拌糊时应根据原料机理做到先慢后快、先轻后重；糊必须搅拌均匀，不结块；挂糊时必须将原料全部包裹。具体注意事项包括以下几个方面。

（1）调制糊需要的淀粉最好是各种干细淀粉。若是颗粒状淀粉，在使用前应提前浸泡在水中湿润，调制好的糊最好先放置一会儿，使淀粉粒充分吸水膨胀，以获得较高的黏度，从而增加在烹饪原料上的黏附性。

（2）糊的浓稠度要根据原料特性灵活掌握。质地较老的原料，本身所含的水分较少，可容纳糊中较多的水分向内渗透，所以浓度应低一些；质地较嫩的原料，本身所含的水分较多，糊中的水分向内渗透比较困难，所以浓度就应高一些。特别是一些果蔬原料，因水分较多，受热后容易软烂变形，如果糊过稀，成品变软就不容易成形，所以果蔬原料使用的糊应浓稠一些。

（3）对于表面水分较多、表面光滑的原料进行挂糊时，可以用干毛巾吸去水分，或在原料的表面先拍上一层干粉，或将糊调制得浓稠一些，以免降低糊的黏度，影响糊的黏附能力，造成烹饪过程中的脱糊现象。

（4）挂糊前，原料需要先进行腌制，使其有一定基础味。因为糊状物质受热凝固后，会阻碍调味品的渗透，如果原料没有腌制，成菜后就会不入味，影响呈味效果。

（5）挂糊操作时，糊要均匀地包裹原料，不能出现没有糊的地方，否则原料的水分会溢出。

学习单元三 调 味

调味是运用各种调味原料和有效的调味手段，使调味原料之间以及调味原料与主辅料之间相互作用，形成菜肴独特滋味的操作技术。调味在烹饪中具有非常重要的作用，在评判一份中式菜肴的好坏时，往往把菜肴的味道放在首位。

概括来说，菜肴的味可分为单一味和复合味两大类。

一、单一味及其常用的调味品

单一味又称为基本味。烹调中常见的单一味有咸、甜、麻、辣、酸、鲜、香 7 种。人的舌头对这些单一味的感觉敏感度是分区域的，舌尖对甜味最灵敏，舌根对苦味最灵敏，舌两侧前缘对咸味最灵敏，舌两侧后部对酸味最灵敏，舌根中部对鲜味最灵敏。而香味、辣味和麻味，它们不是由味蕾引起的，而是由嗅觉或表面皮肤受刺激引起的，但与味觉有关联性。而苦味人们一般不很接受，调味时一般不会专门调制苦味。因此，在调味中所说的单一味不包括苦味。

1. 咸味及其调味品

咸味是调味中的主味，是能独立成味的基本味，除纯甜味菜肴外，其他菜肴的味感都以咸味为基础，各种复合味都必须在咸味基础上才能很好地表现出来。咸味在调味过程中具有解腻、提鲜、除腥、去膻，能突出原料中的鲜香味道等作用。调制时应做到“咸而不减”，使咸味恰到好处。常用的咸味调味品主要是食盐和酱油。

（1）食盐。食盐的主要成分是氯化钠，是人们日常生活中不可缺少的必需品，对维持人体正常生理机能、调节血液渗透压有重要的作用。除纯甜菜、甜点外，调味时一般都是在咸味的基础上，按各种菜肴的要求分别加甜、酸或麻、辣等味来丰富菜肴的味道，在烹调中用途之广是其他调味品不能相比的。

（2）酱油。酱油也称豉油，是用粮食发酵酿制而成的成分复杂的调味品，除含有盐分以外还含有蛋白质、葡萄糖和麸酸钠等多种天然鲜味物质，因此酱油含有特殊的鲜香风味。另外酱油本身带有一定的颜色，在使用时既能增加菜肴风味，又能使菜肴上色。

2. 甜味及其调味品

甜味也是能独立调味的基本味，有调和诸味的作用，还能去腥、压膻、解腻、缓和辣味的刺激、抑制某些原料的苦涩味、增加咸味的鲜醇、增加菜肴的鲜味。在实际中运用也相当广泛，如有些炒菜、烧菜和肉馅中放点糖，能增加菜肴的风味。甜味在菜肴调味中用量要恰当，应做到“甘而不哝”，根据成菜要求考虑甜味的浓淡，有时需要甜而不腻，有时需要放糖不显甜。

甜味调味品可以分为天然甜味（蔗糖、葡萄糖、果糖、麦芽糖、甜叶菊糖苷等）和人工合成甜味品（糖精、糖精钠等）。在烹调中常用的有白糖、红糖、冰糖，以及蜂糖、饴糖等。

（1）白糖。常用的白糖包括白砂糖和绵白糖（俗称白糖）两种。两种白糖在调味时没有太大的区别，在制作带甜味的菜肴时经常会用到白糖。

（2）红糖。常用的红糖有红砂糖和水熬红糖（俗称红糖、黄糖）

两种。红砂糖多用于制作豆沙馅、枣泥馅等甜馅，而水熬红糖则多用于制作各种甜味小吃品种和面点。

（3）冰糖。冰糖也有两种：一种是白砂糖提纯再制品，其质地晶莹透明，形态趋于一致，糖味纯净；另一种是用甘蔗一次提炼而成的，其形状是不规则块形，色发暗，味甜香。冰糖多用于宴席中的甜菜，如冰糖银耳、冰糖莲子等。还可以用来熬制糖色，即将冰糖放入盛有少量食用油的油锅中，煎炒成深红色后掺汤烧开即可，主要用于增加菜肴原料的褐红色泽，如红烧肉、卤肉、冰糖肘子等菜肴的上色。

（4）蜂糖。蜂糖也称蜂蜜，富含单糖类的果糖、葡萄糖与多种维生素。蜂糖的种类因季节性的蜂源而异。蜂糖多用于蜜汁类菜肴和点心、汤羹。

（5）饴糖。饴糖也称青糖、糖稀，主要含麦芽糖和糊精，麦芽糖在人体内可转化为葡萄糖。饴糖具有吸湿、起脆、起色的作用，多用于制作点心以及烤制菜品时涂刷原料表面使之上色并具有酥脆效果。

3. 麻味及其调味品

严格来说，麻味不是一种味觉，而是某些物质刺激舌面以及口腔黏膜所产生的麻痹感觉，在烹调中应用不是十分广泛，但是麻味具有抑制原料的异味、解腥去腻、提鲜增香等独特作用，在特殊地区、特殊菜肴中进行调味，具有独特风味。麻味是由花椒、藤椒、花椒粉、花椒油体现出来的，具有特殊的香麻味，与辣椒配合形成麻辣味，更富有鲜香味感。

（1）花椒。花椒在全国各地都有出产，以四川花椒质地为佳，尤其是汉源产的花椒颗粒大、色红油润、味麻籽少、清香浓郁，成为花椒中的上品，历史上川椒作为贡品，已有两千多年的历史。烹调中还常将花椒用作香料使用。花椒可以整粒使用，也可以经烘焙后磨成花椒粉，或加油萃取成花椒油，这样加工后，使用起来更加方便，同时因为没有花椒碎末，食用时也方便。

（2）藤椒。藤椒属于花椒分支下的优质品种，又名竹叶花椒。其麻味与花椒相比，更加偏重于“清香麻味”，麻味后劲更足，而花椒的香味则更为醇厚和浓郁，二者的使用方法和使用要领基本相同。

4. 辣味及其调味品

辣味分为辛辣和香辣两大类，是菜肴调味中刺激性最强的味道，可以刺激食欲，促进消化，还具有增香解腻、压低异味等作用，但辣味用量过大会压低香味，尤其与清香味互不相融。在使用时应遵循“辣而不燥、辛而不烈”的原则，用量因人、因时而异，应恰当掌握。调味品中的辣椒含有辣椒碱，姜含有姜辛素，胡椒含有胡椒脂碱，葱、蒜中分别含有葱辣素和蒜辣素，芥末含有芥末油，都属于辛辣的范畴，由此构成了食物的辛辣味。将辣椒加热再制作成辣椒粉、辣椒油、煳辣椒则属于香辣。

（1）新鲜辣椒。新鲜辣椒尤其是微辣香甜的各种甜椒，不仅可以单炒，更常用于各种荤素菜肴的配料，提味增香，增进食欲，是极受欢迎的时鲜蔬菜。

（2）干辣椒。干辣椒是用新鲜的红辣椒晾晒而成，以身干籽少、颜色油红光亮者为佳。干辣椒气味辛辣如火，具有温中祛寒、开胃健食的功效。辣椒虽富含维生素等营养，但吃得过多，会引起胃肠炎、腹痛等不适。干辣椒一般切节使用，可直接下沸汤中熬汤提味，或在主料下锅前用热油煸炒，使菜肴具有煳辣辛香味。

（3）辣椒粉。辣椒粉是将干辣椒在锅中略加热炒出香味，再打成细粉。辣椒粉既可加入热菜调味或增色，也可以直接拌制凉菜和小吃，不同品种辣椒粉的辣味有所不同，如朝天椒偏重辛辣，二荆条辣椒则较温和辛香。

（4）辣椒油。辣椒油又叫红油、红油辣子，是用熟油按照一定比例烫制辣椒粉，使辣椒的香辣味及呈色物质充分溢出，使油脂色红香辛。辣椒油广泛用于凉拌菜、热菜和各式小吃的调味中。

（5）姜。姜含有姜辛素，具有芳香辛辣气味，有提鲜去腥、开胃消食等作用，烹调中分为仔姜、生姜两种。仔姜的季节性强，为时令鲜蔬，可作辅料和腌制成泡姜，如仔姜肉丝、拌仔姜、泡仔姜。生姜常加工成丝、片、末、汁，用于调味，可去异提鲜，广泛用于菜肴制作中。

5. 酸味及其调味品

酸味是多种味型的基本味，尤其适合在烹调鱼、虾、蟹类菜肴时使用。食材原料本身含有的天然酸味剂主要是柠檬酸、苹果酸、酒石酸，以及由食品发酵产生的乳酸、醋酸等。人工合成的酸味剂有葡萄糖酸等。酸味能给味觉以爽快的刺激，具有增鲜、除腥、解腻的作用，同时还可促进食物中的钙质和氨基酸类物质的分解，达到骨酥肉烂。酸味又能在加热过程中使原料的蛋白质凝固，令做出来的菜肴脆嫩可口，减少维生素的破坏，提高食物滋味，增进食欲，以促进消化和吸收。使用酸味时应做到“酸而不酷”。

（1）醋。食醋的主要成分是醋酸（即乙酸），质量好的食醋，酸而微甜，并带有香味。由于醋有较强的挥发性，所以当烹调中用醋来去除腥异味、溶解骨质，使肉类软熟、蔬菜脆嫩和保护维生素 C，一般应在烹调前和烹调中与原料一起下锅；如果是加醋确定菜肴的酸味，或增鲜和味、醒酒解腻则应在起锅前加入。

（2）柠檬汁、番茄汁。柠檬、番茄中含有适口的果酸，加工制成柠檬汁、番茄汁使用方便。

6. 鲜味及其调味品

鲜味能增加菜肴风味、提高食欲。鲜味主要来自原料自身蛋白质分解而成的氨基酸（核苷酸、琥珀酸、肌苷酸等）以及其他物质。鲜味在味觉的感受中较弱，易被辣味、甜味、酸味等压抑。鲜味只有在咸味的基础上才能显现出来，在复合味中有融合诸味的作用。鲜味主要是由各种氨基酸与钠离子结合，形成相应的钠盐而产生的。呈鲜味的调料主要有各种鲜汤、酱油、鱼露、鸡精、牛肉粉和海鲜精等。

7. 香味及其调味品

香味有压异味、增食欲的作用，同时各种香味调料本身大多含有去腥解腻的化学成分。香味调味品的种类很多，常用的有料酒、醪糟、芝麻、芝麻酱、豆腐乳以及各种天然香料与人工合成香料。这些原料据化学分析显示含有醇类、醛类、酮类、酯类、酸类等可挥发出来的芳香物质。

（1）料酒。料酒又叫黄酒、绍酒，用粮食酿成，酒精含量低，含丰富的脂类和多种氨基酸。由于料酒有较强的渗透性，在烹调前加入料酒，能使各种调料更迅速地渗入原料内部，使原料有一定的基础味，同时去除腥、臊、膻等异味。料酒中的氨基酸，在烹调中能与食盐结合成味鲜的氨基酸钠盐，使菜肴滋味更加鲜美，料酒中的各种脂类在加热过程中与其他调料结合会挥发出浓烈而醇和的诱人香味，使菜肴大为增香。所以川菜中许多煸、炒、煎的肉类菜肴都在烹调中兑滋汁时加入料酒。与料酒作用相似的调味品还有红葡萄酒、啤酒等。

（2）醪糟。醪糟是糯米加酒曲经发酵酿制而成，酒精度很低，含有丰富的香味脂、醇和糖类，其味香甜。醪糟的作用与料酒相似，烹调后使菜肴鲜香回甜。

（3）芝麻。芝麻含有60%的油脂，香味浓郁，是榨制香油和制作芝麻酱的主要原料。以粒大饱满者为佳。芝麻有白芝麻和黑芝麻之分。用芝麻磨制的芝麻酱能调制出风味独特的味型。芝麻榨制的香油普遍使用在各种冷热菜肴中，起增香的作用。

（4）豆腐乳。豆腐乳是将豆腐切成小块，经人工接入毛霉菌的菌种发酵、搓毛和腌制之后，加入用料酒、红曲、面膏、香料、砂糖磨制的汤料，再经发酵制成的。豆腐乳外观颜色有红色、白色和青色三种，按风味可分为南味、北味、川味三类，豆腐乳色泽鲜艳，质软而细腻，味浓而鲜，有特殊的乳香味，酒香气也很浓。

8. 苦味及其调味品

苦味是一种特殊的烹调用味，一般不单独使用。苦味有对比提味的增味作用，也有消除异味的作用，能够去除腥、膻、臊、臭等异味。因此，在烹制某些菜肴时，略加一些带有苦味的调味料，可使菜品具有一种特殊的鲜香滋味。呈苦味的调料有陈皮、杏仁、茶叶、柚皮、白豆蔻等。

二、复合味及其味汁调制

复合味是由两种或两种以上的单一味所构成的味觉。复合味又可分为双味复合味和多味复合味。双味复合味是由两种不同的单一味构成的味道，如咸鲜味、甜酸味、酸辣味、甜咸味等。多味复合味是由两种以上的单一味构成的味道，如鱼香味、家常味、荔枝味、怪味等。

在调制味汁时，需要考虑每一种味汁的味道特点来使用调味品，务必使各种味道的特点鲜明而突出。在调制技巧上，只有按正确有效的调制方法才能准确调制味汁。防止滥用调味品而产生调味品配合上的相互抵消、互相压抑和味觉上的风味不明、特点不分。

1. 酸甜味汁

（1）味汁特点

酸甜鲜美，清爽可口。

（2）调味用品

食盐、白糖、酱油、醋、香油。

（3）调制方法

将食盐和白糖放入调味碗中，用酱油、醋充分溶化后，加入香油调匀即成。

调制过程中，食盐用于确定味汁的基本咸味，酱油定色提鲜。白糖和醋是甜酸味的主味，用量应满足菜肴的需要。香油增香，用量应满足菜肴的需要。在酸甜味汁中，食盐和酱油所组成的咸味只能作为基础味。在食用时，一般入口后首先感觉到的是酸甜味，咸味感觉应较微弱。

（4）调制注意事项

1）酸甜味汁应浓稠才有良好的味感。

2）香油不要放得过早，以免影响光泽度或质香味挥发过快。

（5）味汁变化

1）酸甜味汁适用于凉拌菜肴，一般不下锅。而热菜的酸甜味汁则多需要加热，其调制方法及调味品比例与此不同，需要根据具体菜品来调制。

2）菜肴原料异味重时，调味时可淋几滴辣椒油压住异味，但不要过于突出辣味。

（6）典型菜例

酸甜味汁多用于凉拌菜肴，如糖醋石花菜、糖醋生菜、糖醋海蜇丝。

扫码看视频　糖醋海蜇丝

1）原料组成

主料：海蜇皮（选用体薄大张、色白血筋少的原料，保证成菜甜酸香脆）100 g。

辅料：黄瓜 50 g、蒜末 10 g。

调料：食盐 2 g、酱油 2 g、白糖 30 g、醋 70 g、香油 3 g。

2）制作过程

①加工原料。黄瓜洗净削皮，切成薄片；海蜇皮用清水反复清洗，去尽盐砂，撕去血筋，清水浸泡 2 ～ 3 h，用刀切成长 5 cm、粗 0.4 cm 的丝，再用清水淘洗一次，放入 80 ℃水中焯水断生捞出。

②调制酸甜味汁。将白糖、醋、食盐、香油、酱油、蒜末放入碗内兑成糖醋味汁。

③装盘成菜。将黄瓜片放入圆盘中垫底，海蜇丝放在黄瓜片上面，淋上调好的酸甜味汁即成。

2. 麻辣味汁

（1）味汁特点

麻辣咸香，味厚不腻，四季皆宜。

（2）调味用品

食盐、酱油、白糖、辣椒油、麻椒面、味精、香油。

（3）调制方法

先将酱油放入调味碗中，然后加入食盐、白糖、味精充分溶化，再加入辣椒油、麻椒面调匀，最后淋辣椒油和香油即成。调制过程中，食盐确定基础咸味，酱油定味提鲜，二者所组成的咸味应满足菜肴的需要，咸中有鲜。在咸鲜有味的基础上重用辣椒油、麻椒面（麻椒面应选择品质高的才有风味），使麻辣味突出。香油辅助香味，用量以不压麻椒与辣椒油的香味为度。白糖和味可以降低麻辣味感，但用量不宜太多。味精和味可以提鲜。调制过程中，若无辣味则风味全无，要做到虽麻辣但有咸味压，虽咸但有鲜味和，虽性烈但有香味诱。此味汁味感猛烈、浓厚、刺激性大，不习惯的人食用时感觉难以接受，习惯的人食用则非常喜爱。

（4）调制注意事项

使用辣椒油需要分两次加入，第一次是在酱油溶解了食盐、白糖、味精后加入辣椒油，搅匀，主要目的是使味汁的辣味浓郁；第二次是味汁与原料拌和均匀或味汁淋于原料表面后再淋上辣椒油，最好只用辣椒油，目的主要是使菜肴色泽红亮。白糖用量不宜过多，否则会降低麻辣味感，使味汁麻辣味不浓郁。

（5）味汁变化

如用牛肉、牛杂等原料制作麻辣味菜肴，可以不用或少用酱油，否则会使牛肉色偏黑。川味金丝牛肉、麻辣肉干等类型的麻辣味，属于麻辣味的不同运用。

有时为了增加味汁的浓厚度，可酌情添加豆豉茸、卤水等，如拌制麻辣兔丁、夫妻肺片等。热菜麻辣味汁的调制变化更大，提辣的调味品还可选用辣椒段、辣椒粉等。

（6）典型菜例

麻辣味的菜肴很多，麻辣味汁制作的冷菜菜品有麻辣兔丁、麻辣鸡片、夫妻肺片、麻辣牛肉干等；麻辣味热菜有辣子鸡、干煸牛肉丝、水煮肉片、沸腾鱼、麻辣小龙虾等。

扫码看视频　麻辣鸡片

1）原料组成

主料： 熟鸡肉 400 g。

辅料： 黄瓜 100 g、马耳朵形葱 50 g、熟白芝麻 5 g。

调料： 酱油 10 g、辣椒油 50 g、麻椒面 1 g、味精 2 g、食盐 3 g、白糖 5 g、香油 5 g。

2）制作过程

①加工原料。熟鸡肉去骨，将净鸡肉片切成长 3 cm、宽 2.5 cm 的薄片。黄瓜洗净切成长 6 cm、厚 0.2 cm 的片。

②调制麻辣味汁。将食盐、白糖、酱油、辣椒油、麻椒面、味精、香油兑成汁。

③装盘成菜。将马耳朵形葱装入盘中垫底，再摆上黄瓜片，最

后将鸡片摆成风车形，将麻辣味汁淋于鸡片上，撒上熟白芝麻即成。

3. 鱼香味汁

（1）味汁特点

鱼香味汁是用仿制烹鱼时使用的调料和方法来烹制除鱼以外的其他原料，成菜后无鱼而有鱼香之味，多用于炒、炸、熘一类的菜肴。鱼香味汁的味感特点是：色泽红亮，咸鲜微辣带酸甜，姜、葱、蒜的香味浓郁。

（2）调味用品

食盐、酱油、白糖、醋、味精、泡红辣椒末、姜末、蒜末、葱花、香油、辣椒油。

（3）调制方法

将泡红辣椒末、姜末、蒜末和匀，放入食盐充分搅拌，再加入白糖、味精、酱油、醋调匀，最后加入辣椒油、香油、葱花等调匀即成。食盐定咸味，酱油提鲜、增色与补足咸味，用量要适当。泡红辣椒末使菜肴色泽红亮而味感鲜辣清爽，突出鱼香味感，用量宜大。姜末、葱花、蒜末可增香压异味，用量宜大。白糖和醋组成酸甜味，味精提鲜，用量应适当。辣椒油主要是增加味汁的油润度。香油用来增香。

（4）调制注意事项

体现咸味的调味品有食盐、酱油、泡红辣椒末等，调制时应注意考虑咸味总和。

行话所说的“糖和醋都不能伤，也不能缺”，是指糖和醋用量多了或少了都会误事。酸甜味不能超过咸味。泡红辣椒末、姜末、蒜末、葱花等在刀工处理时要切细，便于出味。

（5）味汁变化

鱼香味汁也可以经过加热进行调制。具体的方法是：锅内放入食用油 20 g，下泡红辣椒末炒红，再加入姜末、蒜末炒香，掺入适量鲜汤，最后放入白糖、酱油、醋、食盐、香油、葱花，调匀起锅即成。根据成菜的要求，调制鱼香味汁时可以添加一定量的鲜汤，具体掺汤量根据菜品要求决定。

（6）典型菜例

冷菜鱼香味汁多用于经过炸制的酥脆原料，如鱼香青圆、鱼香蚕豆等。热菜鱼香味汁在调制时多需要加热，原料的选择范围多以家禽、家畜、蔬菜、禽蛋为主，特别适用于炸、熘、滑炒之类的菜肴，如鱼香肉丝、鱼香烘蛋、鱼香茄饼、鱼香八块鸡等。

扫码看视频

鱼香青圆

1）原料组成

主料：鲜青豌豆 500 g。

辅料：色拉油 1 000 g（约耗 50 g）、泡红辣椒末 40 g、姜末 8 g、蒜末 15 g、葱花 25 g。

调料：食盐 3 g、酱油 10 g、醋 10 g、白糖 12 g、味精 3 g、香油 15 g、辣椒油 10 g。

2）制作过程

①加工原料。鲜青豌豆洗净，用刀在青豌豆上划一条口子，放入 150 ℃的食用油中浸炸至酥脆、色翠绿、皮肉分离时，先捞出豌

豆皮不用，再将豌豆捞出晾凉。

②调制鱼香味汁。将泡红辣椒末、姜末、蒜末、葱花和匀，再加入食盐、白糖、味精、酱油、醋充分调匀，最后加入辣椒油和香油调成鱼香味汁。

③装盘成菜。将炸酥的青豌豆与调好的鱼香味汁拌匀，装入圆盘中。

三、调味品的存放

调味品有多种多样，要妥善存放，以免因损失或变质而造成浪费或直接影响烹调菜肴的质量。

1. 调味品的盛装

各种调味品的理化性质各不相同，有的怕光，有的易受潮，有的易挥发，有的易与其他物质发生化学反应，有的受热易变质，因此，调味品在保管时因其性质不同而有所差异。对金属有腐蚀性的调味品，如盐、酱油、果酸等，不宜长期用金属容器盛装；阳光直晒会加快食用油的氧化，因此，食用油不宜用透明的器皿盛装；料酒和香料等易挥发的调味品，应密闭保存；各种蜜饯果脯、花椒、干辣椒、食盐、味精、白糖等，易受潮而影响质量，保管盛装时应做好防潮处理。

2. 调味品的保管

（1）存放的环境条件。调味品存放的环境温度一般要求不宜过高，应通风透气；环境湿度不宜太潮湿；要注意避免长时间接触日光和空气，防止调味品氧化变质。

（2）保管的注意事项。调味品在保管与取用时，应掌握“先进先出、先加工先使用”的原则；要掌握好采购和加工调味品的数量，量力而行，尽量做到“随用随进、随用随加工”；同时，要注意不同性质的调味品应分别放置，防止调味品在保管时发生混淆。

3. 调味品的合理放置

在烹调时，为了取用方便，加快操作速度，调味品的摆放也要合理。根据使用频率和便于操作的原则，各种调味品须放在取用方便、专门摆放的位置。一般来说，放置的原则是：常用放近些、不常用放远些；有色的放近一些，无色的放远一些；先用的放近一些，后用的放远一些；固体的放近一些，液体的放远一些；湿料放近一些，干料放远一些；颜色形态相近似的应隔开放置或以不同容器加以区别，以免使用时发生混淆。调味品的具体放置方法并没有统一要求，应根据自己的喜好而定，只要能方便快捷地取用即可。调味品要定期清理、添加，对各种调味品的质量、用量和保存期做到心中有数，及时清理变色、变质的调味品。

学习单元四 调 色

食物的色泽是刺激人们食欲的核心因素之一，是反映菜肴质量的重要因素，也是对菜肴各方面的客观反映。色泽的偏差往往直接影响味道的醇正，所谓“色败而味变”。

一、调色概述

调色是指运用各种有色调料和调配手段来调配菜肴的颜色，增加菜肴光泽，使菜肴色泽美观的操作工艺。菜肴的色泽主要来源于三个方面：原料本身色泽、加热形成色泽、调辅料调配色泽。

1. 原料本身色泽

烹饪原料都带有本身的色泽，大多数的颜色比较鲜艳、纯正，如绿色蔬菜、胡萝卜、番茄、彩色辣椒、火腿、韭黄、鱼肉、香菇等在加工时需要保持其本身色泽，使其颜色鲜亮。

2. 加热形成色泽

烹饪原料在加热过程中，由于原料本身所含色素会发生变化，以及蛋白质、糖类等物质在高温下发生焦糖化反应和羰氨反应，会使原料出现新的色泽。如虾、蟹在加热时颜色会由青色变为红色，绿色蔬菜经烹炒颜色会由绿色变为黄褐色，蛋白质经高温炸制会呈现金黄色。

3. 调辅料调配色泽

调辅料调色是利用有色调辅料调配的色泽。其包括两种，一种是调料在调味的同时用自身所带有的颜色使菜肴上色，另一种是利用色素使原料染色。

二、调料调色

1. 用酱油调色

酱油按照颜色可分为老抽和生抽两类。其中生抽的颜色比较淡，呈浅红褐色，味道咸鲜，多用来进行烹调调味，炒制或者凉拌时用得多。而老抽添加了焦糖色，颜色深，呈棕褐色并有光泽，味道相比生抽鲜味要弱一些，吃在嘴里有一种咸鲜微甜的味道，一般用来给菜肴着色。利用酱油调色方法简单，多是在菜肴调味时进行，根据菜肴需要，既可以在烹调前调色，也可以在烹调中调色，还可以在烹调后调色。酱油加入的量也要根据菜肴的要求以及酱油本身颜色来决定。此种调色方法广泛用于凉菜、蒸菜、烧菜、炒菜等。一般对咸鲜香浓、色泽棕红菜肴的调色可使用酱油。但由于酱油有浓郁的酱香味，对于味道清香鲜醇和要突出原料本色的菜肴，应少用或不用酱油。另外，酱油不宜长时间加热或经受高温，否则会失去咸香味，并使菜肴颜色加深甚至变黑。

2. 用糖调色

烹调中所用的糖主要有白糖、红糖、冰糖，以及蜂糖、饴糖等。用糖调色时既要考虑调色效果，还要考虑糖的甜味。用糖调色具体的方法有以下三种。

（1）红糖在带甜味的基础上还具有一股类似焦糖的特殊风味，并带有自然的红褐色，在制作某些菜肴时可直接使用红糖进行调色。例如，四川在制作传统的夹沙烧白时，糯米经汆煮后调味调色时添加适量红糖，既使糯米有甜味，又使糯米呈现诱人的棕红色。

（2）白糖和冰糖本身色泽很浅，很少直接将其用来对菜肴进行调色，但是糖类在高温作用下会发生焦糖化反应，生成焦糖色素，能增加菜肴的颜色，使菜肴的色泽褐红。

烹调中熬制糖色的方法是：将锅洗净置于火上，留食用油 10 g，放入白糖或冰糖 50 g，小火加热并不断搅动，使白糖或冰糖慢慢融化，继续加热，产生大量深棕色气泡，待气泡减少并冒青烟时，迅速倒入清水 150 g，大火煮沸取出即成糖色。熬制时火力要均匀集中，防止锅边焦煳导致糖分受热不均匀，颜色过深，味道带有浓郁的焦苦味。

糖色相对于酱油来说性质更稳定，加热也不会使其颜色过于变深。因此，对于较长时间加热的菜肴多选用糖来调色，如红烧肉、卤肉、冰糖肘子以及炸收类菜肴。凉拌类菜肴一般不用糖来调色。

（3）利用饴糖等在高温加热时能起到吸湿、起脆、起色的作用，使原料上色，多用于烤制菜品和制作点心时面点表面的上色。调色方法是在加工处理的原料表面均匀涂刷一层一定浓度的饴糖，再将其放入烤箱或油中加热，使其表面受热，色泽金红，并具有酥脆效果。

3. 用咖喱调色

咖喱是以姜黄为主料，添加多种香辛料配制而成的复合调味料，其味辛辣带甜，具有特别的香气。用咖喱粉调色的具体方法是：锅中留油，加热到 100 ℃油温时，放入洋葱末、姜粉、蒜末等用小火炒香，再加入咖喱粉翻炒渗透出香味，洋葱末被咖喱粉厚厚地包裹起来，再放入原料与咖喱混合均匀，最后经过加热使原料成熟即可。

另外，在使用咖喱块调色时，由于咖喱块含有面粉和油脂（即油咖喱、咖喱酱），直接加热不易溶解。常用的方法是：锅中留油，加热到 100 ℃油温时，放入洋葱末、姜粉、蒜末等用小火炒香，掺水烧沸，再投入咖喱块，并不停翻搅，防止粘锅焦煳，待咖喱块充分溶解后，再酌量加入辣椒、红酒等一起熬煮出咖喱味道即可。按此种方法调制，咖喱味芳香四溢，金黄香辣，别有风味。

需要说明的是，由于咖喱是多种香料的混合，而不是一种原料，因此，不同国家、不同地区调制咖喱时选用的香料不同，调出来的咖喱也都不一样。咖喱的种类很多，按颜色分有棕色、红色、青色、黄色、白色，使用时需多加注意。

4. 用番茄酱调色

番茄酱是鲜番茄的酱状浓缩制品，将成熟的红番茄经破碎、打浆、去皮去籽后，经浓缩、装罐、杀菌而制成。番茄酱呈鲜红色酱体，具有番茄的特有风味，是一种富有特色的调味品。番茄酱含有番茄红素，其颜色鲜红、味道酸甜可口，既可以直接食用，也可以在制作菜肴时当作调味调色酱来使用。用番茄酱调色，使用方便，可以将番茄酱直接放入菜肴的汤汁，将汤汁调成番茄酱的鲜红颜色，再将汤汁收浓。也可以先将番茄酱用少量食用油低温炒至红亮、细腻后再掺汤调制成调味汁，最后将菜肴原料与调味汁和匀。需要注意的是，加热炒制时需要保持番茄酱特有的番茄风味及番茄酱的营养，加热时间不宜过长。

5. 用辣椒酱调色

辣椒酱是选用优质辣椒，经过淘洗、精拣、破碎熬制而成的。豆瓣酱是在辣椒酱的基础上添加经过发酵处理的胡豆瓣酿制而成，最负盛名的豆瓣酱是四川的郫县豆瓣酱。辣椒酱的色泽红褐、油润光亮、味道鲜辣、清香味浓郁。豆瓣酱还含有浓郁的酱香味。使用辣椒酱调色的具体方法是：将辣椒酱剁细，使其能更好地上色，同时又能增加美观性。将辣椒酱用 120 ℃的油温小火煸炒，既能去除辣椒酱中多余的水分和发酵带来的异味，又能香气四溢，油色红亮，使菜肴色味俱佳。炒制时注意油温为 120 ℃左右，不能过高，否则炒制的辣椒酱颜色不正、味道变差。将需要调色的菜肴原料与辣椒酱和匀，使其颜色达到菜肴所需的效果。

学习单元五　焯　水

焯水预熟处理简称焯水，又称为汆水，是把生的原料放入水中进行加热，使其达到符合烹调要求的半熟或刚熟状态的半成品处理方法。

焯水应根据原料性质掌握加热时间，选择适宜水温；注意防止原料串味与染色；注意营养和风味变化，尽可能不过度加热。在焯水过程中原料会发生多种化学变化和物理变化，有些变化对营养、味感、质感和外观等方面是有利的，而有些是不利的。通过焯水，可以去除一些禽畜类肉和内脏的腥膻味，去除一些蔬菜类原料的苦涩味、辣味；也可以保持和改变原料脆嫩质感，保持原料鲜艳色泽，增加原料色彩，使原料定型等；有的干果类原料，如板栗、核桃、莲子等焯水后才容易去皮；焯水能缩短正式烹调时间，这些是有利的一面。但是，在焯水过程中，也会伴随一些不利的变化：原料加热会使其中的蛋白质、脂肪等物质分解，形成容易溶解于水的物质，这些是形成鲜味的主要物质，焯水会使其溶解于水中降低鲜味，所以这类汤汁最好留用；焯水会使有些原料发生颜色的变化，在处理这类情况时，往往通过缩短加热时间和快速降温来保持原料的颜色；原料中含有维生素、无机盐等营养成分，它们不耐高温，且容易被氧化，还易溶解于水中，焯水很容易损失这类营养物质，所以针对这类原料应考虑是否焯水或选择最适合的焯水方法，尽量减少营养的损失。

焯水分为冷水锅预熟处理和热水锅预熟处理。

一、冷水锅预熟处理

1. 操作步骤

经过初加工后的原料与水同时下锅，一起加热到所需程度后捞出晾凉备用。

2. 工艺流程

原料选择→洗净→放入冷水锅中一起加热→翻动原料→控制加热程度→捞出→晾凉备用。

3. 适用原料

冷水锅预熟处理的动物原料主要是牛肉、羊肉及家畜内脏等异味较重、血污较多的原料，这些原料如果采用热水锅预熟处理方法，表面会骤然受热紧缩，里外生熟不一，腥膻和血污去除不尽。根茎类蔬菜一般也多采用冷水锅预熟处理方法，因为此类原料往往质地坚实、体积较大，热能在原料体内传热速度较慢，如果采用热水锅预熟处理，可能会出现表面已经熟软而内部还生硬的情况，使得原料内外的成熟度不一致，如笋、土豆、慈姑、红薯、芋头等。

4. 操作要领

（1）冷水锅预熟处理时，水量要淹没过原料。

（2）需要边加热边翻动原料，使原料受热均匀。

（3）达到所需程度时，要及时捞出，防止加热过度。

二、热水锅预熟处理

用热水锅预熟处理时，绿叶蔬菜、鸡鸭肝、海鲜等都要用沸水焯水并快速捞出，再用冷水漂清；容易脱色的菠菜、苋菜之类的叶菜和色浅容易染色的土豆、笋等，要单独焯水，以免相互染色；芹菜等有异味的原料也要单独焯水，避免与其他原料串味。

1. 操作步骤

先将水烧沸腾后，再将加工处理的原料投入沸水中加热到所需程度，捞出晾凉备用。

2. 工艺流程

原料选择→洗净→水烧沸腾→放入原料→翻动原料→控制加热程度→捞出→晾凉备用。

3. 适用原料

热水锅预熟处理适用于血污和异味较少的鸡肉、鸭肉、猪肉、蹄筋等动物性原料和大部分叶类蔬菜，如白菜、青菜、绿豆芽、菠菜等，以及加工处理成丁、丝、块、条等小型的根茎类蔬菜，如萝卜、莴笋等。

4. 操作要领

（1）必须做到沸水下锅，做到水宽、火旺、温度高、速度快、时间短。

（2）有异味和容易脱色的原料应单独焯水，防止污染其他原料。

（3）控制好焯水时间，防止过度加热。

（4）动物性原料采用热水锅预熟处理前要清洗干净。

需要说明的是，原料加工是采用冷水锅预熟处理还是热水锅预熟处理，不是一成不变的，需要具体问题具体分析。总的原则是，如果需要更好地保持原料的营养和风味，宜采用热水锅预熟处理；如果需要更好地去除原料异味和杂质，宜采用冷水锅预熟处理。

学习单元六　过　油

油传热速度比水快得多，利用油传热可以使原料快速成熟，并且在烹调中，油的温度选择范围较大。采用高油温加热食物，可使原料表面迅速获得高温，让原料表面水分快速蒸发，原料内部传热较慢，能达到外焦内嫩的效果；采用低油温加热食物，可使原料达到细嫩鲜滑的效果。

一、过油预熟处理概述

过油预熟处理简称过油，是将加工成形的原料，在不同油温中炸制成半成品的工作。过油时采用不同油温加热会对原料产生不同的作用：能使原料口感多样化，油温的不同，可使原料具有酥脆、外焦内嫩或滑嫩等口感；能使油分子渗透进土豆、茄子等脂肪较少的原料，显著增加原料的芳香气味和口感风味；经过不同方法过油处理，原料可呈金黄、红艳或润滑洁白的颜色，增添了菜肴的色泽；过油后原料形整不烂，保证了成菜的形态美观。

二、过油的种类

过油的方法主要有滑油和走油两种。

1. 滑油

滑油又称划油，是指用中油量、低油温，将原料滑散成半成品的熟处理方法。

(1)操作步骤

将加工处理后的原料放入80～110 ℃的油锅中加热,断生后捞出沥干油备用。

(2)工艺流程

原料选择→初加工→炙好锅→留油 $\xrightarrow{\text{油温 80～110 ℃}}$ 放入原料 $\xrightarrow{\text{原料抖散下锅}}$ 滑油→控制加热程度→捞出 $\xrightarrow{\text{沥干油}}$ 备用。

(3)适用原料

滑油的原料范围较广,一般原料形状都是较小而薄的,大多要经过上浆处理,使之不与油直接接触,保证水分不易外溢,以保持其鲜香、细嫩的质感。

滑油一般适用于烧、烩、熘,多用于丝、丁、片、块、条等形状的原料,如鲜熘鸡丝、鱿鱼烩肉丝、水煮鱼片等。

(4)操作要领

1)锅要炙好,以防止原料粘锅,影响成菜效果。

2)原料下油锅时注意动作。上浆的原料要抖散下锅以防粘连;原料下锅后慢慢搅动并徐徐划开,不要过快过猛,防止脱芡或形烂。

3)油温恰当、油量适中。油温为80～110 ℃,过高容易使原料粘连、质老、色深等,过低容易使原料脱浆或失水过多,都会影响成菜效果。油量一般为原料的4～5倍,油要淹没原料,使原料受热均匀。

4)油要干净、色浅,以免影响原料颜色。

2. 走油

走油又称跑油、油炸，是指用大油量、高油温将原料炸制成半成品的预熟处理方法。由于油温较高，能使原料定型、色美、酥脆或外酥内嫩。

（1）操作步骤

将原料初加工后，放入 140 ～ 170 ℃的油中炸制，达到所需的成熟度后捞出，沥干油备用。

（2）工艺流程

原料选择→初加工 $\xrightarrow{\text{可码味、挂糊或直接入锅}}$ 锅中加油 $\xrightarrow{\text{旺火加热，多油量，140 ～ 170 ℃}}$ 放入原料 $\xrightarrow{\text{原料抖散下锅}}$ 炸制→控制加热程度→捞出备用。

（3）适用原料

走油一般适用于整形或大块的原料，如用煨、炖、蒸、焖、烧等方法烹制的整鸡、整鸭、整鱼、大块肉，制作脆皮鱼、豆瓣鲜鱼、红烧狮子头、葱烧鱼条、酥肉等。走油的原料是否挂糊应视菜肴的不同要求而定。

（4）操作要领

1）掌握好过油的火候。需要酥脆的原料过油多采用浸炸方式，需要外酥内嫩的原料多采用重油炸方式。

2）油量要多。油量多原料下锅后油温降低较慢，可以保证过油的效果。

3）原料要分散下锅，防止粘连。原料下锅前可以拌入少许冷油，以减少原料粘连。

学习单元七 汽 蒸

汽蒸是以蒸汽为传热介质，将加工处理后的原料放入蒸锅中，采用不同火力蒸制成半成品的初步熟处理方法。

一、汽蒸的方法

1. 旺火沸水长时间蒸

适宜原料：形体较大或加热时间较长的原料，如干料涨发的鱼翅、鱼骨、蛤士蟆、干贝、莲米等。

2. 中火沸水短时间蒸

适宜原料：质地细嫩易熟的原料。例如，蒸鸡蛋糕、蒸嫩蛋、蒸鱼糕等工艺菜肴的坯料定型。

二、操作要领

（1）沸水，水量要足，火力或气压视原料熟处理的程度掌握。

（2）旺火沸水长时间蒸需要旺火、气压足，中火沸水短时间蒸的气压无须太足。

三、原则

（1）要与其他初步熟处理配合。

（2）要掌握好火候。

（3）多种原料同时蒸的时候，要防止串味。

学习单元八 走 红

菜肴的颜色是衡量菜肴质量的标准之一。要使菜肴颜色美观，一方面，选择的原料要色彩鲜艳；另一方面，在菜肴调味调色时要注意有色调味品的合理运用。在预熟处理时，经过适当加工，就可以增加原料颜色，使菜肴色彩美观，这种预熟处理称为走红。

一、走红预熟处理概述

走红预熟处理简称走红，是对经过焯水、过油等加工的大块原料，如整鸡、整鸭、肘子等原料进一步上色入味的预熟处理加工方法。走红的作用是：可以增加原料色彩，使原料带上金黄、橙红、浅黄等颜色；在走红过程中，原料与调味品或油脂发生作用，会去除或抑制原料的异味，同时又能增加原料的鲜香味；走红时既使原料上色，又使原料形状得到固定，为下一步刀工或烹调做准备。

二、走红的种类

根据走红的介质不同，一般分为过油走红和卤汁走红两种。

1. 过油走红

（1）操作步骤

将经过焯水的原料按照菜肴的需要，在其表层涂抹料酒或酱油、饴糖等，下入油锅中炸制上色。如咸烧白、香糟鸡、油淋鸭等坯料，都是通过过油走红上色的。

（2）工艺流程

原料选择→初加工 $\xrightarrow{\text{焯水或直接涂抹上色原料}}$ 锅中加油 $\xrightarrow{\text{旺火，多油量，140～170 ℃}}$ 放入原料 $\xrightarrow{\text{焯水或直接涂抹上色原料}}$ 走油 $\xrightarrow{\text{一次性走油}}$ 控制加热程度→捞出 $\xrightarrow{\text{沥干油}}$ 备用。

（3）适用原料

一般适用于猪肉、鸡、鸭等原料，多用于制作蒸菜的上色。

（4）操作要领

1）控制好油温。控制油温是使原料上色的关键，油温过高或过低都会使原料色彩达不到所需要求。

2）选择好上色的原料。上色的原料多含有糖分，高温时糖分会发生焦糖化反应，从而使原料上色。不同原料的含糖量各不相同，上色效果也不同，因此要根据菜肴成菜要求选择适当的上色原料。

3）上色的原料要涂抹均匀，防止过油时出现色彩不均匀的现象。

2. 卤汁走红

（1）操作步骤

将经过焯水或过油后的原料，浸没在按菜肴需要调和的有色卤汁中，旺火烧沸，再改用小火继续加热至原料上色。如芝麻肘子、生烧转弯、豆渣全鸭等的坯料就是经卤汁走红后再烹制成菜肴的。卤汁常添加八角、桂皮、花椒、葱、姜、糖、食盐、酱油和红曲水等调味调色原料。

（2）工艺流程

选择原料→原料初加工 $\xrightarrow{\text{焯水或过油}}$ 调制卤汁 $\xrightarrow{\text{调好口味和颜色}}$ 放入原料→加热 $\xrightarrow{\text{旺火烧沸，改为小火}}$ 控制加热程度 $\xrightarrow{\text{原料上色适当}}$ 捞出备用。

（3）适用原料

一般适用于猪肉、蹄肘、鸡、鸭等原料，多用于制作烧菜、蒸菜的上色，原料滋味较浓厚。

（4）操作要领

1）掌握好卤汁颜色及口味。卤汁走红前应先调整好卤汁的口味及颜色，从而保证走红后符合成菜要求。同时需要注意卤汁的味感，不能过咸。

2）控制好火力。一般先用旺火烧开，再改为小火加热，使原料上色均匀，又可避免原料加热过度。

3）控制好原料成熟度。卤汁走红上色较慢，原料加热过程中会达到一定成熟度。在进行卤汁走红时，要掌握好原料成熟度，防止过熟而影响下一步的烹调。

模块八

菜肴制作基础

学习单元一　热菜制作——以水为传热介质

以水或汤汁为主要传热介质，使原料受热成熟，称为以水为传热介质的烹调，主要方法有煮、氽、烧、焖、扒、炖等。

一、煮

煮是将初步熟处理的半成品或腌制上浆的生料，放入清水或汤汁中，先用旺火烧开，再用中小火加热、调味成菜的方法，见表 8–1。

表 8–1　煮的技术要点

工艺流程	技术要点
选料	选择原料时，要求新鲜且富含蛋白质，原料中的呈味、呈鲜物质易溶于汤中
切配	原料刀工成形多以丝、片状为主，鱼类以段、块或整形居多
煮制调味	根据原料的性质和成菜要求，掌握好火力大小及加热时间 口味一般以咸鲜为主，川菜中的水煮类则突出麻辣的风味
装盘成菜	掌握好汤、菜的比例，要求汤、菜各半，避免汤少菜多或汤多菜少

菜例：水煮鱼

扫码看视频

水煮鱼

（1）原料组成

主料：草鱼 750 g 左右。

辅料：黄豆芽 150 g、葱末 10 g、姜末 10 g、蒜末 5 g、八角 5 g、干辣椒 10 g、清汤 500 g、食用油 100 g、淀粉 25 g。

调料：食盐 3 g、白糖 5 g、酱油 10 g、料酒 10 g、豆瓣酱 30 g、味精 5 g、麻椒 10 g。

（2）制作过程

1）将草鱼斩下鱼头，片下鱼肉。鱼头从中间劈开，鱼骨斩成段，鱼肉片成片。鱼片加食盐 2 g、料酒、味精腌制入味，加淀粉上浆。

2）干辣椒切成节，麻椒捣碎。

3）锅内加入食用油烧至五成热（150 ℃左右），加入八角、葱末、姜末、蒜末爆香，放豆瓣酱炒至出红油，加黄豆芽、鱼头、鱼骨煸炒，再加清汤、食盐 1 g、白糖、酱油调好口味，烧开后，调中小火将鱼头、鱼骨、黄豆芽煮熟后捞出盛在碗中。

4）将鱼片分散下入锅内的汤汁中，煮熟后，盛入碗内。

5）将锅内的汤汁加味精倒入碗内。将干辣椒节、麻椒碎放在鱼片上。

6）锅内加油烧至八成热（240 ℃左右）后，均匀地浇在干辣椒节、麻椒碎上即可。

（3）成菜特点

麻辣鲜香，滑爽软嫩。

二、汆

汆是将质地脆嫩、易熟的原料下入沸汤水锅内快速加热至断生，一滚即成菜的烹调方法，见表 8–2。

表 8–2　汆的技术要点

工艺流程	技术要点
选料	宜选用质地脆嫩的动植物性原料
切配	刀工成形以丝、片、丁为主，要求大小、粗细均匀一致，加工成泥状的原料要去筋剁细，拌匀上劲
上浆或制茸	原料有时需要上浆，是为了使原料更加细嫩，色泽更加洁白
汆制调味	根据原料的性质和成菜要求，掌握好火力及加热时间 口味以咸鲜为主，也有酸辣口味
装盘成菜	成品汤量要多，且汤味一定要鲜

菜例：汆肉丸

扫码看视频

汆肉丸

（1）原料组成

主料： 猪瘦肉 300 g。

辅料： 水发木耳 10 g、葱姜汁 5 g、香菜末 10 g、蛋清 25 g、淀粉 5 g、清汤 500 g。

调料： 食盐 5 g、酱油 5 g、味精 2 g、料酒 5 g、香油 2 g、胡椒粉 2 g。

（2）制作过程

1）将猪瘦肉剁成肉茸，水发木耳撕成小朵，加葱姜汁 5 g、食盐 2 g、酱油 3 g、料酒 5 g、蛋清 25 g、淀粉 5 g、胡椒粉 2 g 搅匀。

2）将清汤倒入锅中，旺火烧沸，然后转小火，用手的虎口挤成直径 2 cm 的丸子备用，将丸子下锅，氽熟后捞出放入碗内；原汤加入食盐 3 g、酱油 2 g、味精 2 g、香油 2 g、香菜末 10 g、水发木耳 10 g，烧开汤汁，撇去浮沫，浇入碗内即成。

（3）成菜特点

汤清味鲜，肉质细嫩。

三、烧

烧是将经过初步熟处理的原料，加适量汤（或水）和调味品，先旺火烧沸，再改中小火加热至熟透入味，再用旺火收汁成菜的一种烹调方法，见表 8–3。

烧制工艺具体可以分为红烧和白烧。

1. 红烧

红烧是将初步熟处理后的原料，放入锅中加入鲜汤，旺火烧沸，加入有色调味品，改用中小火烧至熟软汁稠，勾芡或自然收汁成菜的烹调方法。

2. 白烧

白烧是指成菜汤汁为白色的烧制法。其做法与红烧基本相同，不同的是白烧不加有色调味品，成菜保持原料本身的色泽。

表 8–3 烧的技术要点

工艺流程	技术要点
选料	宜选用品质新鲜的动、植物性原料
切配	原料成形以条、段、块、厚片居多，也有整条（只）或自然形状的
初步熟处理	红烧初步熟处理时根据原料性质选择合适的方法，大多以过油为主，且原料涂抹上色要均匀 焯水时间不宜过长，否则影响鲜度和口感
调味烧制	调味、调色要准确 添汤或水的量以淹没原料为宜 加热过程中火候要掌握好，先旺火烧沸，适时改用中小火烧至成熟
收汁	收汁是烧制菜肴的关键，有助于提色和增强菜肴光泽
装盘成菜	装盘造型要美观、大气

菜例 1：红烧肉

扫码看视频

红烧肉

（1）原料组成

主料：带皮猪五花肉 750 g。

辅料：葱 10 g、姜 10 g、清汤 500 g、水淀粉 10 g、食用油 25 g、八角 5 g、花椒 5 g、桂皮 2 g。

调料：食盐 2 g、味精 2 g、白砂糖 25 g、料酒 20 g、酱油 10 g、香油 5 g。

（2）制作过程

1）将带皮猪五花肉皮面朝下放入水中煮熟定型，凉透后改刀成

3 ～ 4 cm 的方块。葱切段，姜切片。

2）锅内加食用油烧热，加白砂糖炒至变鸡血红色，加入肉块煸炒均匀至上色，加葱段、姜片、八角、花椒爆出香味，烹入料酒、酱油，倒入清汤，放入桂皮、食盐调好口味，大火烧开，撇净浮沫，改小火将肉烧至入味、上色、熟烂，加水淀粉待汤汁浓稠时，加味精、香油，颠翻均匀，出锅装盘。

（3）成菜特点

色泽红亮，咸鲜微甜，质感软糯。

菜例 2：白烧双冬

扫码看视频　　白烧双冬

（1）原料组成

主料：水发冬菇 150 g、冬笋 150 g。

辅料：葱丝 10 g、姜丝 10 g、香菜段 5 g、清汤 200 g、水淀粉 25 g、食用油 25 g。

调料：食盐 2 g、味精 2 g、料酒 5 g、香油 5 g。

（2）制作过程

1）将水发冬菇去菌柄，冬笋切成片。

2）将水发冬菇、冬笋放入沸水锅焯水，捞出控干水分。

3）锅内加食用油烧热，放入葱丝、姜丝爆锅，烹入料酒，倒入清汤，加入水发冬菇、冬笋，加食盐调好口味，大火烧开，撇净浮沫，改中小火将其烧至入味，加味精，用水淀粉勾芡，加香油和香菜段，颠翻均匀，出锅装盘。

（3）成菜特点

口味咸鲜，色泽白亮。

四、焖

焖是将经初步熟处理的原料加汤及调味品后盖上锅盖，用中小火加热较长时间至酥烂入味成菜的一种烹调方法。

焖的分类根据色泽不同可分为红焖和黄焖两种，根据成菜口味不同可分为酒焖和酱焖两种。无论哪种焖制，其方法都是相通的，主料都不挂糊上浆，添汤后加盖再长时间加热至所需的成熟度，大多数制品成熟后不需要勾芡，采用自然收汁的方法使汤汁变浓稠，见表 8–4。

表 8–4　焖的技术要点

工艺流程	技术要点
选料	选择原料时，要求新鲜且富含蛋白质，原料中的呈味、呈鲜物质易溶于汤中
切配	原料刀工以较大的形状为主，鱼类以段、块或整料居多
初步熟处理	初步熟处理时要掌握好原料的火候和色泽
调味焖制	控制好添汤的量和焖制的时间，掌握好成菜的口味和色泽
收汁装盘	焖制菜肴一般不勾芡，可依靠小火长时间加热形成较浓稠的汤汁

菜例 1：红焖鱼

扫码看视频

红焖鱼

（1）原料组成

主料：新鲜鲈鱼一条（约 750 g）。

辅料：香菜段 5 g、葱段 20 g、姜片 20 g、花椒 5 g、八角 5 g、食用油 1 000 g、清汤 750 g。

调料：面酱 25 g、酱油 15 g、食盐 1 g、料酒 10 g、米醋 10 g、白糖 5 g、味精 2 g、香油 3 g。

（2）制作过程

1）将新鲜鲈鱼初加工好，洗净，剞上十字花刀，抹上面酱。

2）锅内加食用油烧至七成热（210 ℃左右），放入新鲜鲈鱼炸成枣红色，捞出控油。

3）锅内加食用油烧热，加入葱段、姜片、花椒、八角煸出香味，捞出，烹入料酒、酱油、米醋、白糖、食盐，加入清汤，调好口味，放入炸好的鱼，盖上锅盖，用中小火焖至熟透，把鱼捞出，大火收稠汤汁，加味精、香油，装盘撒上香菜段，淋上香油。

（3）成菜特点

色泽红亮，口味咸鲜，酱香浓郁。

菜例 2：黄焖鸡翅

扫码看视频

黄焖鸡翅

（1）原料组成

主料：鸡翅 350 g。

辅料：清汤 500 g、葱段 10 g、姜片 10 g、花椒 5 g、八角 5 g、

食用油 50 g。

调料：食盐 2 g、酱油 10 g、黄酱 2 g、料酒 5 g、味精 2 g、香油 2 g。

（2）制作过程

1）将鸡翅洗净，放入冷水锅中焯水，捞出，控干水分待用。

2）锅内倒入食用油烧热，加葱段、姜片、花椒、八角煸出香味，下黄酱炒香，添清汤，放入食盐、酱油、料酒，调好口味和颜色，加鸡翅，大火烧开，撇尽浮沫，盖上锅盖。小火焖至鸡翅熟烂，揭盖后用大火收稠汤汁，加味精、香油装盘。

（3）成菜特点

色泽黄亮，鲜香浓郁。

学习单元二 热菜制作——以油为传热介质

利用食用油为主要传热介质，使原料受热成熟，称为以油为传热介质的烹调方法。其方法主要有炒、熘、炸、爆、煎等。

一、炒

炒是以油为传热介质，将加工过的鲜嫩小型的原料，用旺火短时间加热、调味成菜的一种烹调方法。炒制工艺分类主要有生炒、熟炒、干炒、软炒、滑炒等。

1. 生炒

生炒是将生料加工成形，直接用旺火热油快速翻拌、调味成熟的烹调方法，见表 8–5。

表 8–5 生炒的技术要点

工艺流程	技术要点
选料	禽畜鱼肉的细嫩部位和新鲜蔬菜的茎、根、叶等
切配	原料刀工处理要整齐划一
炒制	炒制以前要炼锅，使之润滑，菜品若由两种或两种以上的原料组成，要掌握好投料的顺序，将原料炒匀，炒至断生即可
装盘成菜	出锅装盘要及时，菜肴的汤汁要少

菜例：芹菜炒肉

扫码看视频

芹菜炒肉

（1）原料组成

主料：净芹菜 300 g。

辅料：猪瘦肉 50 g、葱丝 5 g、姜丝 5 g、食用油 30 g。

调料：食盐 2 g、味精 2 g、酱油 5 g。

（2）制作过程

1）将净芹菜切成 3 ～ 4 cm 的段，猪瘦肉切成长 3 ～ 4 cm，宽 1 cm 的长方片。

2）锅内食用油烧至四成热（120 ℃左右），加肉片炒至断生，加葱丝、姜丝爆出香味，烹入酱油，放入芹菜快速翻炒，加食盐、味精调好口味，装盘成菜。

（3）成菜特点

口味咸鲜，质感脆嫩。

2. 熟炒

原料经初步熟处理（焯水、水煮、酱、卤、蒸等）切配成形后不上浆、不腌制入味，用中火热油，加调配料，炒制成菜的方法，见表 8–6。

表 8–6　熟炒的技术要点

工艺流程	技术要点
选料	熟炒菜肴主要适用于已加工成熟或半熟的动物性原料

续表

工艺流程	技术要点
切配	原料厚薄一致，而且片不宜薄、丝不宜细、条不宜粗
热油炼锅	操作时，要先将锅烧热，再放油，锅要润滑，以防原料粘锅
翻炒	翻炒菜肴的频率要快，从动作来看，翻炒是没有方向性的翻拌
装盘成菜	汤汁少，炒制菜肴一般都是紧汁，食用完后，盘底只留一层薄薄的油汁

菜例 1：炒土豆丝

扫码看视频　　炒土豆丝

（1）原料组成

主料：土豆 500 g。

辅料：青椒 50 g、葱 10 g、姜 10 g、食用油 40 g。

调料：食盐 3 g、味精 2 g。

（2）制作过程

1）将土豆去皮，切成 0.2 cm 粗的丝，青椒切成丝，葱、姜切成丝。

2）土豆丝、青椒丝放入沸水锅焯水至断生，捞出过凉，控干水分。

3）锅内加食用油烧热，下葱丝、姜丝爆锅，加土豆丝、青椒丝，放入食盐调好口味，翻炒均匀，加味精，出锅装盘。

（3）成菜特点

口味咸鲜、质感脆嫩。

菜例 2：回锅肉

扫码看视频

回锅肉

（1）原料组成

主料：带皮猪后腿肉 400 g。

辅料：马蹄葱 10 g、姜片 10 g、青蒜苗 75 g、食用油 30 g。

调料：郫县豆瓣酱30 g、酱油3 g、白糖5 g、甜面酱10 g、料酒10 g。

（2）制作过程

1）将带皮猪后腿肉刮洗干净，放入汤锅中煮至肉熟皮软，凉透后切成 0.2 cm 的薄片。青蒜苗洗净，斜切成 3 cm 长的段。

2）锅内加食用油，烧至五成热（150 ℃左右），下肉片炒至吐油、卷曲，烹入料酒，再加入剁碎的郫县豆瓣酱，小火炒香，加入葱姜，接着放入甜面酱炒出香味，随后加入酱油、白糖炒匀入味，最后再放入青蒜苗，翻炒至断生，出锅装盘。

（3）成菜特点

色红油亮，香味浓郁，微辣回甜。

二、熘

熘是指原料用某一种基本烹调方法加热成熟后，再包裹上或浇淋上即时调制的芡汁成菜的一种综合性烹调方法。

1. 滑熘

原料切配成形后，先经上浆滑油，再烹入芡汁成菜的烹调方法，见表 8–7。

表 8–7 滑熘的技术要点

工艺流程	技术要点
选料	应选用质地鲜嫩的原料制作，如猪里脊肉、鸡胸肉等
切配	原料宜加工成丝、条、片、丁等形状，便于入味成熟
码味上浆滑油	腌制入味不能过咸或过淡，以咸鲜味为主。油温掌握在三四成热
芡汁	芡汁应是流芡，给人以柔软之感，芡汁不能紧而厚
装盘成菜	明汁亮芡、质感滑嫩、鲜香清淡

菜例：滑熘鱼片

扫码看视频

滑熘鱼片

（1）原料组成

主料：净鱼肉 300 g。

辅料：水发木耳 5 g、冬笋 5 g、小油菜心 10 g、蛋清 25 g、干淀粉 25 g、豆瓣葱 5 g、蒜片 5 g、水淀粉 20 g、清汤 150 g、食用油 750 g（约耗 50 g）。

调料：食盐 3 g、味精 2 g、料酒 3 g、白醋 3 g、香油 2 g。

（2）制作过程

1）冬笋切成片，水发木耳撕成小朵，将水发木耳、冬笋片、小油菜心焯水，捞出控干水分。净鱼肉片成薄片，加食盐、味精、料酒腌制入味，再加蛋清、淀粉上浆，放入三成热（90 ℃左右）的油中，滑油至嫩熟，捞出备用。

2）锅内加食用油烧热，加豆瓣葱、蒜片爆锅，烹入料酒、白醋，添清汤，放入水发木耳、冬笋片、小油菜心，加食盐烧开，用水淀粉勾薄芡，将鱼片倒入锅内和匀，加味精，淋入香油盛出即可。

（3）成菜特点

色泽白亮，咸鲜滑嫩。

2. 炸熘

经码味、挂糊或拍粉放入热油锅中炸至外香脆、里鲜嫩，然后浇淋或粘裹芡汁成菜的一种烹调方法，见表 8–8。

表 8–8　炸熘的技术要点

工艺流程	技术要点
选料	应选用质地鲜嫩的原料制作，以体现出滑嫩的特色
切配	刀工规格要一致，使炸制时受热均匀，成熟度和色泽一致
腌制入味	腌制入味时以基本咸味为准，不宜过咸，经过挂汁才能完全够味，主料的口味和汁的口味要配合好
拍粉或挂糊	糊的厚薄应适当，太厚或太薄都会影响成品质量，拍粉应现拍现炸。掌握好油温，炸至酥脆或外酥里嫩
兑汁熘制	无论是咸鲜、糖醋还是鱼香味，都要求其中的调味品比例适当。淀粉的用量要适当，以保证芡汁的浓稠度，配合明油，效果更好
装盘成菜	色泽艳丽，口味咸鲜、酸甜居多，质感外焦香酥脆、里鲜嫩可口

菜例：糖醋里脊片

扫码看视频

糖醋里脊片

（1）原料组成

主料： 猪里脊肉 300 g。

辅料： 鸡蛋 1 个、面粉 20 g、干淀粉 60 g、葱末 5 g、姜末 5 g、蒜末 5 g、清汤 180 g、水淀粉 25 g、食用油 1 000 g（约耗 75 g）。

调料： 食盐 2 g、白糖 100 g、料酒 10 g、酱油 25 g、醋 40 g。

（2）制作过程

1）将猪里脊肉切成厚 0.3 cm 的片，加食盐、料酒腌制入味。鸡蛋、淀粉、面粉加适量的水和食用油调匀成糊。

2）将食盐、白糖、酱油、醋、水淀粉、清汤放入碗内兑成糖醋芡汁。

3）锅内加入食用油，烧至六成热（180 ℃左右），将肉片挂匀糊后逐片下入油中炸至肉片表面变硬，捞出。待油温回升至八成热（240 ℃左右），将肉片投入复炸，肉片表面酥脆，呈金黄色时，捞出控油。

4）炒锅中留食用油约 75 g，用葱末、姜末、蒜末炝锅，将兑好的芡汁倒入锅内，汁浓油亮后，下入炸好的肉片，旺火翻炒均匀，装盘成菜。

（3）成菜特点

色泽红亮，外酥里嫩，酸甜适中。

3. 软熘

质地软嫩或加工过的浆状原料，经蒸、煮或氽熟后，再浇汁成菜的烹调方法，见表 8–9。

表 8–9 软熘的技术要点

工艺流程	技术要点
选料	选料应以柔软细嫩、新鲜的原料（如鱼类）和流质原料如蛋、奶等为主

续表

工艺流程	技术要点
刀工处理	根据菜品烹调的要求进行改刀，例如，柳叶花刀、夹刀片等
初步熟处理	初步熟处理时要掌握原料的成熟度
调制味汁	调味清汁，味道宜清淡
装盘成菜	口味鲜香，质感软嫩

菜例：白汁鱼卷

扫码看视频　　白汁鱼卷

（1）原料组成

主料：净鱼肉 250 g。

辅料：猪瘦肉 100 g、青笋丝 10 g、火腿丝 10 g、葱花 10 g、姜末 5 g、水淀粉 10 g、清汤 50 g。

调料：食盐 3 g、味精 3 g、料酒 5 g、香油 5 g。

（2）制作过程

1）将净鱼肉平刀片成长方片，加食盐、味精、料酒腌制入味。猪瘦肉剁细，加葱花、姜末、食盐、味精、料酒、清汤调匀成猪肉馅。

2）将猪肉馅放入鱼片一端，卷紧制成鱼卷，摆入盘中，放入蒸锅中蒸 5 min 至嫩熟。

3）鱼卷蒸好后将盘中的汁倒入锅中，加清汤、火腿丝、青笋丝，放入食盐调好口味烧开，用水淀粉勾薄芡，加味精、淋香油起锅，均匀浇在鱼卷上。

（3）成菜特点

色泽白亮，口味咸鲜，质感软嫩。

三、炸

炸是将经过加工整理的烹饪原料基本入味后，放入大油量的热油锅中加热，使成品具有里外酥脆或外酥里嫩质感的烹调方法。炸制工艺具体可以分为干炸、清炸、酥炸等。

1. 干炸

干炸是将经刀工处理后的原料，用调味品腌制后，经拍粉或挂糊入油锅炸制成熟的一种烹调方法，见表 8–10。

表 8–10 干炸的技术要点

工艺流程	技术要点
选料	选择新鲜质嫩的原料
切配	原料刀工成形多以条、片状为主
腌制入味	腌制入味时以基本咸味为准，不宜过咸
拍粉或挂糊	拍粉或挂糊要均匀一致，不宜太厚或太薄。拍粉要拍匀，并且要现拍现炸
炸制	掌握好油温、原料逐块下锅，以防粘连
装盘成菜	装盘以原料的自然形状为主

菜例：干炸里脊

扫码看视频

干炸里脊

（1）原料组成

主料：猪里脊肉 300 g。

辅料：淀粉 50 g、面粉 15 g、食用油 1 000 g。

调料：料酒 2 g、食盐 2 g、酱油 5 g、葱姜汁 10 g、花椒盐 25 g。

（2）制作过程

1）将猪里脊肉切成 3 ～ 4 cm 厚片，用食盐、料酒、酱油、葱姜汁腌制入味。

2）将淀粉、面粉加入适量水调成水粉糊。

3）锅内加食用油烧至七成热（210 ℃左右），将猪里脊肉挂水粉糊逐片入锅，炸至外表发硬时捞出，待油温上升至八成热（240 ℃左右）时，再将猪里脊肉投入复炸至浅黄色，捞出控油，装盘外带花椒盐上桌。

（3）成菜特点

色泽金黄，外焦里嫩，口味咸鲜。

2. 清炸

清炸是将经过刀工处理后的原料，不挂糊、不上浆，只用调味品腌制入味，直接用旺火热油加热成菜的烹调方法，见表 8–11。

表 8–11 清炸的技术要点

工艺流程	技术要点
选料	原料要求新鲜且富含蛋白质
切配	原料成形要求大小、厚薄均匀一致，以便原料成熟度一致
腌制入味	码味时不宜过多使用有色调味品
炸制	炸制时油温不宜太高，否则会造成原料表面的颜色过深，而内部的主料还不够成熟

续表

工艺流程	技术要点
装盘成菜	呈枣红色，口味清香、外酥里嫩

菜例：炸翅中

扫码看视频

炸翅中

（1）原料组成

主料：翅中 12 个。

辅料：葱段 15 g、姜片 15 g、食用油 1 000 g。

调料：食盐 2 g、料酒 2 g、酱油 5 g、花椒盐 25 g。

（2）制作过程

1）将翅中内侧划三刀，加葱段、姜片、食盐、料酒、酱油腌制入味。

2）锅内加食用油烧至七成热（210 ℃左右），将翅中放入油锅中炸至断生约 3 min，捞出待油温升至八成热（240 ℃左右）时再复炸至枣红色，捞出控油，装盘外带花椒盐上桌。

（3）成菜特点

色呈枣红，口味咸鲜，外脆里嫩。

3. 酥炸

酥炸是将加工好的原料挂酥糊炸制，或者将原料蒸（煮）至酥软后直接炸制成菜的烹调方法，见表 8–12。

表 8–12　酥炸的技术要点

工艺流程	技术要点
选料	原料要求新鲜且富含蛋白质
切配	原料加工多为条、片、块等形态
初步熟处理	质老体大者宜蒸酥烂，质嫩体小者宜煮酥
直接炸制	炸制时要勤翻动原料，以保证成品色泽均匀，体大者要用漏勺托住，以防煳锅底。炸制时油温不宜太高，因为多数原料已熟烂入味
装盘成菜	整形的原料酥炸后也可斩成条、块，再摆成原形，上桌要及时

菜例：香酥鸡

扫码看视频　　香酥鸡

（1）原料组成

主料：嫩公鸡 1 只。

辅料：葱 10 g、姜 10 g、八角 10 g、桂皮 10 g、花椒 10 g、淀粉 100 g、食用油 750 g。

调料：食盐 5 g、料酒 10 g、花椒盐 25 g。

（2）制作过程

1）将嫩公鸡从背部开刀，去掉内脏，洗净控干水分。葱切段，姜切片。

2）用食盐、葱、姜、料酒、八角、桂皮、花椒在鸡身内外涂抹均匀，腌制 60 min。

3）将腌好的鸡放入蒸锅蒸至软熟取出，拣去调料，晾干水分，挂上水粉糊。

4）锅内加食用油烧至六成熟（180 ℃左右），将鸡入锅浸炸至表皮酥脆、色呈深黄时，捞出控油。把炸好的鸡斩成块，摆成原形，外带花椒盐一起上桌。

（3）成菜特点

色泽深黄，质感酥脆，鲜香可口。

四、爆

爆是将加工处理后质脆的动物性原料，以旺火热油快速烹制成菜的一种烹调方法。爆制工艺分类主要有油爆、酱爆等。

1. 油爆

油爆是选用动物性的脆性原料，加工成形，开水快焯，热油快促，煸炒配料，投入主料，倒入兑好的芡汁，急火浓芡的一种烹调方法，见表 8-13。

表 8-13 油爆的技术要点

工艺流程	技术要点
选料	以水产品、动物性原料为主
切配	原料形状以麦穗花刀、梳子花刀、片、丁等料形为主，根据菜品的要求进行改刀
焯水，油促	烹调过程中要把握好三个“快”字：焯水要快、过油要快、翻炒要快
调味粉汁	调味粉汁的浓稠度，底油的量不可过多，否则会影响芡汁的裹附
装盘成菜	芡包主料油包芡，食完盘内无汤汁，仅有少许底油，以主料为本色，口味以咸鲜为主，食之脆嫩、清淡、不腻

菜例：油爆海螺

扫码看视频　　油爆海螺

（1）原料组成

主料：海螺肉 400 g。

辅料：竹笋 10 g、指段葱 15 g、蒜片 10 g、清汤 35 g、水淀粉 15 g、食用油 750 g（约耗 75 g）。

调料：食盐 3 g、味精 2 g、料酒 3 g、香油 5 g。

（2）制作过程

1）将初加工好的海螺肉片成片，竹笋切成象眼片。

2）将食盐、味精、料酒、水淀粉、香油和清汤，兑成调味芡汁。

3）将海螺肉片放入沸水锅中迅速焯一下，捞出控干水分。锅内放入食用油，烧至七成热（210 ℃左右），将海螺肉片放入油中快速油促一下，捞出控油。

4）指段葱、蒜片爆锅，下竹笋片、海螺肉片煸炒，烹入兑好的调味芡汁，旺火翻炒，装盘成菜。

（3）成菜特点

口味咸鲜，脆嫩爽口。

2. 酱爆

酱爆是以炒熟的面酱（也可用黄酱或辣酱），爆炒主料、辅料成菜的烹调方法，见表 8–14。

表 8–14 酱爆的技术要点

工艺流程	技术要点
选料	以水产品、动物性原料为主
切配	原料形状以片、丁、条等料形为主，根据菜品的要求进行改制
炒制	关键是炒好面酱，酱的数量以相当于主料的 1/5 为宜；炒酱的油量相当于酱的 1/2，油多酱少则裹不住主料；而油少酱多则易煳底粘锅
调味	糖不可放得太早，一般在菜即将成熟时放糖，以增加菜的甜美味道和色泽
芡汁	酱爆不勾芡（自来芡）
装盘成菜	色泽深红，油光闪亮，酱香味浓郁

菜例：酱爆肉丁

扫码看视频　　酱爆肉丁

（1）原料组成

主料：猪瘦肉 350 g。

辅料：竹笋 20 g、蛋清 25 g、干淀粉 20 g、指段葱 15 g、蒜片 10 g、清汤 20 g、食用油 750 g（约耗 50 g）。

调料：食盐 1 g、白糖 2 g、味精 2 g、面酱 25 g、料酒 3 g、香油 2 g。

（2）制作过程

1）猪瘦肉先切成厚 1.5 cm 的片，剞十字花刀，改刀成 1.5 cm 见方大小的丁，加食盐、料酒码味，上蛋清淀粉浆。竹笋切成 1.2 cm 见方大小的丁，焯水后捞出，控干水分。

2）锅内加油，烧至四成热（120 ℃左右）下入肉丁滑油至嫩熟，捞出备用。

3）锅内放入食用油烧至五成热（150 ℃左右），下指段葱、蒜片、竹笋丁煸炒，烹入料酒，加面酱炒香，添清汤，加食盐、白糖、味精调好口味，倒入肉丁翻炒均匀，淋上香油，装盘成菜。

（3）成菜特点

咸鲜滑嫩，酱香浓郁。

五、煎

煎是将原料加工成扁平状，腌制入味后，以少量油为传热介质，用中小火慢慢加热至两面金黄色并成熟，使菜肴达到外酥脆、里鲜嫩口感的烹调方法，见表 8–15。

表 8–15 煎的技术要点

工艺流程	技术要点
选料	宜选用鲜嫩无骨的动物性原料，如鸡、虾、鱼、猪肉等，少数的植物性原料，如豆腐、茭瓜、土豆等
切配	根据原料的不同性质，采用不同的刀法
腌制入味	原料要腌制入味
煎制	煎制时油量不可淹没主料，油少时可随时点入，并且要勤晃锅，以使原料受热均匀，上色均匀
装盘成菜	两面色泽金黄，外酥脆、里软嫩

菜例：煎带鱼

扫码看视频

煎带鱼

(1)原料组成

主料：带鱼 300 g。

辅料：鸡蛋 2 个、淀粉 40 g、葱丝 10 g、姜丝 10 g、食用油 100 g。

调料：食盐 3 g、味精 2 g、料酒 5 g。

(2)制作过程

1)带鱼洗净，切成段，剞一字花刀。撒上葱丝、姜丝，用食盐、味精、料酒腌制入味。

2)炒锅炼滑，倒入食用油，加热到五成热(150 ℃左右)，将带鱼逐块拍淀粉、拖上蛋液，摆入锅中，小火煎制，颜色变黄时，再煎制另一面至成熟，出锅装盘。

(3)成菜特点

色泽金黄，外酥里嫩，鲜香可口。

学习单元三　热菜制作——以汽为传热介质

汽导热是以水蒸气为主要传热介质，对食物原料进行预熟处理或者熟处理的烹调方法。以汽导热的方式处理食物原料对应的烹调方法以蒸为主。

蒸是一种将加工好的原料（一般提前调味）放在器皿中，再置于蒸锅中利用一定压力的蒸汽加热使其成熟的烹调方法。蒸制工艺主要分为清蒸和粉蒸两种。

1. 清蒸

清蒸是将加工后的原料，先腌制入味，然后加配料和鲜汤蒸熟的方法，见表 8–16。

表 8–16　清蒸的技术要点

工艺流程	技术要点
选料	蒸制的原料必须新鲜
切配	刀工要求精细、形态美观
初步熟处理	根据原料的类别、性质、形态和菜肴要求，采用不同方法
装盘调味	盛装原料必须疏松，不能压紧压实
蒸制成菜	清蒸菜最好放在蒸锅的上层，以防被其他有汤汁、有色泽的菜肴污染，掌握好火候 蒸制菜肴成菜后需要拣去葱、姜等辅料，及时上桌食用

菜例：蒸排骨

扫码看视频　蒸排骨

（1）原料组成

主料： 猪排骨 750 g。

辅料： 葱丝 10 g、姜丝 10 g、花椒 5 g、八角 5 g。

调料： 食盐 3 g、料酒 10 g、味精 3 g、酱油 5 g、香油 3 g。

（2）制作过程

1）将排骨斩成 4 cm 长的段，焯水后控干水分。

2）排骨放入碗内，加食盐、味精、料酒、酱油、香油，撒上葱丝、姜丝，放上花椒、八角，腌制入味。

3）将排骨放入蒸锅内蒸至熟烂，约 60 min。出锅后，去掉花椒、八角、葱丝、姜丝即可上桌。

（3）成菜特点

咸鲜适口，质感软烂。

2. 粉蒸

粉蒸是将原料加工切配后，用调味品腌制，再用适量的米粉将其拌和均匀，上锅蒸熟的一种蒸制方法，见表 8–17。

表 8–17　粉蒸的技术要点

工艺流程	技术要点
选料	原料必须特别新鲜
切配	原料刀工处理大小要均匀，入味要充分

续表

工艺流程	技术要点
调味	对于缺少油脂的原料，在调味时要加入适量的油脂，以保证成菜后菜品的油润质感
拌匀米粉	用干锅将大米炒至淡黄色，晾凉后磨成细末（不可过细） 拌米粉要均匀，干湿度以原料湿润不见汤汁为准
蒸制成菜	蒸制时要一气呵成，中途不能断火或降温，否则易出现回笼水，影响菜肴质量

菜例：粉蒸肉

扫码看视频　　粉蒸肉

（1）原料组成

主料：带皮五花肉 600 g。

辅料：大米 150 g、葱丝 30 g、姜丝 30 g、清汤 50 g、食用油 75 g、花椒 3 g、八角 3 g。

调料：五香粉 3 g、酱油 10 g、甜面酱 75 g、白糖 15 g、料酒 40 g。

（2）制作过程

1）将大米洗净，晾干水分，放在炒锅内，用小火炒至微黄色，要注意防止炒焦，捡出花椒和八角，冷却后碾成粗末。

2）葱、姜切成丝。

3）将五花肉用清水洗净，切成长 6 cm、宽 3.5 cm、厚 0.4 cm 的长方片。

4）将肉片放入碗中，加甜面酱、酱油、白糖、料酒、五香粉、葱丝、姜丝、清汤、食用油拌匀，腌制入味后，加入碾好的米粉拌匀，使每片肉都粘上米粉，制成粉肉。

5）将粉肉皮面朝下，一片靠一片地摆在扣碗内，上蒸锅旺火蒸 60 min，取出翻扣于盘内即可。

（3）成菜特点

肉质酥糯，咸香不腻。

学习单元四　冷菜制作——一般冷菜的制作

冷菜是将经过初步加工的冷菜原料，调制成在常温下可直接食用的菜品。制作此类菜品的烹调方法主要有拌、炝、腌、酱、卤等。

一、拌

拌是指将生料或晾凉的熟料，刀工处理成丝、丁、片、块、条等形状，用调味品拌制成菜的烹调方法，见表 8–18。

表 8–18　拌的技术要点

工艺流程	技术要点
选料加工	拌制菜肴应选择新鲜无异味、受热易熟、质地细嫩、滋味鲜美的原料
拌前处理	原料拌前处理对凉拌菜肴的风味特色有直接的影响。拌前处理方法主要有：炸制、煮制、焯水、汆制、腌制、蒸制
装盘调味	凉拌菜肴的味型较多，常用的有咸鲜味、芥末味、糖醋味、鱼香味、酸辣味、麻辣味、椒麻味、蒜泥味等。装盘调味的方式有：拌味装盘、装盘淋味、装盘蘸味

1. 生拌茼蒿

（1）原料组成

主料： 茼蒿 500 g。

辅料： 蒜 20 g。

调料： 食盐 1 g、白糖 10 g、味精 2 g、酱油 10 g、陈醋 15 g、

蚝油 5 g、香油 5 g。

（2）制作过程

1）将茼蒿的叶尖掐下来，洗净，控干水分。蒜切成末。

2）食盐、白糖、味精、酱油、蚝油、陈醋、香油加蒜末调匀制成调味汁，加茼蒿尖拌匀，装盘即可。

（3）成菜特点

咸鲜爽口，质感脆嫩。

2. 拌芹菜

（1）原料组成

主料：芹菜 500 g。

辅料：蒜 20 g。

调料：食盐 1 g、味精 2 g、酱油 10 g、米醋 15 g、香油 5 g。

（2）制作过程

1）将芹菜择洗干净，切成寸段，放入沸水锅焯水，捞出，控干水分。蒜切成末。

2）将食盐、味精、酱油、米醋、香油加蒜末调匀制成调味汁，加芹菜段拌匀，装盘。

（3）成菜特点

咸鲜爽口，质感脆嫩。

3. 圆葱拌牛肉

（1）原料组成

主料：熟牛肉 200 g。

辅料：圆葱 75 g、香菜 20 g。

调料：食盐 2 g、白糖 5 g、味精 2 g、酱油 10 g、香油 5 g。

（2）制作过程

1）将熟牛肉切成片，圆葱切成条，香菜切成段。

2）将食盐、白糖、味精、酱油、香油调匀制成调味汁。

3）将牛肉、圆葱、香菜段加入调味汁中拌匀，装盘即可。

（3）成菜特点

咸鲜香辣。

二、炝

炝是把具有较强挥发性的调味品（如花椒、辣椒等）加入原料中，静置片刻入味成菜的烹调方法，见表 8-19。

表 8-19　炝的技术要点

工艺流程	技术要点
选料	应选用新鲜、细嫩、富有质感特色的原料
刀工处理	刀工成形要均匀一致，刀工处理以丝、段、片和原料的自然形态为主
初步熟处理	初步熟处理时要掌握好原料的成熟度。处理方法有滑油、焯水、氽烫等
炝制	炸制花椒、辣椒时的油温要掌握好。动物性原料以趁热炝制为好，以使原料能够充分入味；蔬菜类原料一般晾凉后炝制
装盘成菜	菜肴炝制后，应稍等片刻，待充分入味后，再装盘成菜

1. 炝莴笋

（1）原料组成

主料：莴笋 500 g。

辅料：鲜红椒 5 g、葱 10 g、姜 10 g、食用油 25 g。

调料：花椒25 g、食盐2 g、白糖5 g、味精2 g、米醋5 g、香油5 g。

（2）制作过程

1）莴笋去皮，洗净，切成丝，放入沸水锅中焯熟，过凉，控干水分。鲜红椒切丝，葱切丝，姜切丝。

2）莴笋丝放入盆内，加葱丝、姜丝、红椒丝、食盐、白糖、味精、米醋拌匀。

3）锅内加食用油、香油，放入花椒炸出香味，滤掉花椒，浇在盆内的莴笋丝上，拌匀即可。

（3）成菜特点

咸鲜脆嫩，花椒香味浓郁。

2. 海米炝油菜

（1）原料组成

主料：油菜 500 g。

辅料：水发海米 100 g、葱丝 10 g、姜丝 10 g、食用油 25 g。

调料：花椒 25 g、食盐 2 g、味精 2 g、酱油 5 g、香油 5 g。

（2）制作过程

1）油菜去掉老叶，洗净，放入沸水锅中焯熟，过凉，控干水分。

2）油菜放入盆内，加葱丝、姜丝、食盐、味精、酱油拌匀。

3）锅内倒入食用油、香油，加入花椒，炸出香味，滤掉花椒，浇在盆内的油菜上，撒上水发海米，拌匀即可。

（3）成菜特点

咸鲜脆嫩，花椒香味浓郁。

3. 炝腰片

（1）原料组成

主料：猪腰子 300 g。

辅料：葱 10 g、姜 10 g、水发木耳 50 g、竹笋 10 g、香菜 10 g、食用油 25 g。

调料：食盐 2 g、白糖 5 g、味精 2 g、酱油 5 g、醋 5 g、香油 5 g、干辣椒 5 g、花椒 2 g。

（2）制作过程

1）葱、姜切丝，竹笋切片，香菜切段，水发木耳撕成小朵。猪腰子改成梳子花刀，用开水烫至嫩熟，捞出控干水分，放在盆内。水发木耳、竹笋片用沸水焯一下，捞出控净水，也放入盆内，撒上葱丝、姜丝、香菜段。

2）盆内加食盐、白糖、味精、酱油、醋拌匀。

3）锅内倒入食用油、香油，放入花椒、干辣椒炸出香辣味，滤掉花椒、干辣椒，浇在盆内的腰片上，用大盘子扣住，待炝制入味后，拿掉盘子，拌匀。

（3）成菜特点

咸鲜香辣，质感脆嫩。

三、腌

腌是指将原料置于某种调味汁中，利用盐、糖、醋、酒等的渗透作用，使其入味的烹调方法，见表 8–20。

表 8–20 腌的技术要点

工艺流程	技术要点
选料加工	腌制菜肴应选用新鲜度高、质地细嫩、滋味鲜美的原料，一般以丝、片、块、条和原料的自然形状为主
调味腌制	腌汁一般有两种，一种是直接调制而成，另一种是加热调制晾凉而成。味型主要有咸鲜味、咸甜味、咸辣味、五香味等。将加工整理好的原料直接放入调制好的味汁中，腌制一段时间，即可取出食用

1. 腌鲜辣椒

（1）原料组成

主料：辣椒 500 g。

辅料：姜 35 g、蒜 20 g、食用油 15 g。

调料：食盐 50 g、白糖 20 g、味精 3 g、酱油 250 g、白酒 35 g、花椒 3 g。

（2）制作过程

1）辣椒洗净，控干水分。姜、蒜均切成片。

2）酱油加食盐烧开，凉透。

3）花椒放入油中炸香备用。

4）辣椒放入盆内，加入姜片、蒜片和所有调料，最后把花椒和花椒油一起浇在辣椒上，3 ～ 5 天后即可食用。

（3）成菜特点

咸鲜微辣，爽口不腻。

2. 腌螃蟹

(1) 原料组成

主料：活螃蟹 500 g。

辅料：纯净水 1 000 g。

调料：花椒 6 g、香叶 4 g、干辣椒 10 g、食盐 60 g、白糖 20 g、味精 3 g、酱油 100 g、白酒 100 g。

(2) 制作过程

1) 将螃蟹刷洗干净，控干水分，放入盆内，加白酒颠翻几次，让螃蟹酒醉。

2) 锅内倒入纯净水，加食盐、酱油、白糖、味精、花椒、香叶、干辣椒烧开，凉透。

3) 将醉好的螃蟹加到调好的汁水中，腌制（保鲜）3 ～ 5 天即可食用。

(3) 成菜特点

咸鲜适口。

四、酱

酱是指原料经过初加工后，放入酱汁锅中，小火煮至质软汁稠时出锅晾凉，浇上原汁食用的烹调方法，见表 8-21。

表 8-21　酱的技术要点

工艺流程	技术要点
选料	原料要求新鲜且富含蛋白质
加工处理	原料刀工成形多以段、块或整形居多。去除影响菜品风味及成品质量的部分

续表

工艺流程	技术要点
配制酱汁	口味一般以咸鲜酱香为主，少数菜品中则突出麻辣回甜的风味
酱制	在酱制过程中要不断翻动原料，使原料受热均匀、着色均匀、入味充分。根据原料的性质和成菜要求，掌握好火力及加热时间。在酱制过程中要经常撇去浮沫，掌握好酱汤和原料的比例，避免汤少菜多或汤多菜少
切配装盘成菜	刀工要均匀一致，掌握好拼摆技巧。拼摆时原料色彩搭配要协调。合理用料，减少不必要的损耗，尽量使原料物尽其用，操作时要特别注意保持卫生

酱牛肉

（1）原料组成

主料：牛肉 1 000 g。

辅料：葱段 100 g、姜片 100 g、清水 3 500 g。

调料：花椒 25 g、八角 25 g、桂皮 15 g、食盐 100 g、酱油 500 g、糖色 20 g。

（2）制作过程

1）将牛肉切成大块，放入冷水锅中焯去血污和异味。

2）锅内加清水，将牛肉、酱油、葱段、姜片、花椒、八角、桂皮、食盐、糖色一并下锅，大火烧开，撇净浮沫，改用中小火将牛肉煮至熟烂，用原卤汁浸泡，待食用时捞出改刀装盘。

3）锅内留原汁，大火收浓，浇在牛肉上即可。

（3）成菜特点

色泽酱红，鲜香熟烂。

五、卤

卤是指将加工整理的原料，放入事先制好的卤汁中，旺火烧开，小火煮熟，使卤汁中的鲜香滋味缓缓地渗入原料内部，待原料变得香浓酥烂，关火冷却成菜的烹调方法，见表 8–22。

表 8–22　卤的技术要点

工艺流程	技术要点
选料	原料要求新鲜且富含蛋白质
加工	原料刀工成形以段、块或整形居多。去除影响菜品风味及成品质量的部分
卤前预制	根据原料性质及成菜特点将原料的焯水、过油、火烤等方式提前进行处理，其目的主要是去除异味杂质、激发原料本身的香气，以及根据成菜特点进行预制处理
调制卤汁	掌握卤汁与原料的比例，卤汁以淹没原料为宜。口味以菜品成菜特点为主，适量投放香料和调料，注意突出原料本味
卤制	卤制过程中要不断翻动原料，使原料受热均匀、着色均匀、入味充分。量多的原料卤制时，锅底要垫上竹箅子，以防粘底煳锅。卤制时旺火烧沸，改小火保持卤汁沸而不腾，不至于使卤汁蒸发过快、香味散失。在卤制过程中要经常撇去浮沫，多种原料同时卤制时，要掌握好投料顺序
切配装盘成菜	刀工要均匀一致，掌握好拼摆技巧，拼摆时原料色彩搭配要协调。在拼摆的过程中要合理用料，减少不必要的损耗，尽量使原料物尽其用，操作时要特别注意保持卫生

卤猪肘

（1）原料组成

主料：猪肘肉 500 g。

辅料：姜片 50 g、清水 2 000 g。

调料： 食盐 3 g、冰糖 50 g、味精 5 g、糖色 50 g、料酒 10 g、八角 2 g、桂皮 3 g、香叶 2 片、花椒 5 g。

（2）制作过程

1）猪肘肉放入冷水锅焯水，捞出控干水分。

2）锅内倒入清水，加姜片、八角、桂皮、香叶、花椒、食盐、冰糖、糖色、料酒、味精烧开，将猪肘肉放入锅内，中小火卤制 60 min。

3）将卤好的猪肘肉浸入卤汁中，随用随取。

（3）成菜特点

咸鲜香浓。

学习单元五　冷菜制作——一般冷拼制作

拼盘就是凉菜拼摆，是根据食用要求把经过刀工处理、调好口味的凉菜原料整齐美观地拼摆入盘内成菜的方法。拼摆的质量取决于刀工技术的好坏和拼摆技巧的熟练程度。刀工精细，拼摆富于技巧性、艺术性的拼盘能给就餐者带来视觉、味觉和心理上的愉悦，使就餐者获得美的享受。拼盘按拼摆技术分为一般拼盘和花色拼盘。一般拼盘又分为单拼、双拼、三拼、什锦拼等。

一、单拼的制作

单一主料冷菜的拼摆在行业中应用普遍，它方便快捷、整齐美观，适用于位餐，尤其是在大型会议餐中应用较多。单一主料冷菜又叫单盘、独碟，就是在盘中整齐地拼摆一种冷菜主料。成形一般有宝塔形、馒头形、马鞍形等，见表 8–23。

表 8–23　单拼的技术要点

工艺流程	技术要点
选料	原料要具有可食用性，便于刀工成形和拼摆
切配	在切配的过程中要合理用料，在保证形态和质量的前提下，应尽量减少不必要的损耗，使原料物尽其用
拼摆	拼摆时，原料色彩搭配要协调、要有计划地合理排列、软硬面要很好地结合，正确选用排、堆、叠、围、摆、垫底、围边、盖面等拼摆手法

续表

工艺流程	技术要点
点缀	拼摆成形后，根据需要在盘中空隙处或适当位置进行恰当的点缀，起到画龙点睛的作用，以使拼盘达到完美
辅助调味	辅助调味要适当

1. 火腿单拼

（1）原料组成

主料：方火腿 250 g。

辅料：黄瓜 500 g。

调料：食盐 2 g、味精 2 g、米醋 10 g、香油 3 g。

（2）制作过程

1）将方火腿切成大小、厚薄一致的方片，将黄瓜切成丝。

2）碗内加食盐、味精、米醋、香油，调匀制成味汁。

3）将一部分黄瓜丝放在盘子中间位置，铺垫成正方形，再将余下的黄瓜丝堆码向上，越到上面越小，形似宝塔。

4）在拼摆成宝塔的 4 个边缘，将切好的火腿片整齐地拼摆好。把配调好的味汁一起上桌。

（3）成菜特点

口味咸鲜，下大上小，形同宝塔。

2. 酱牛肉单拼

（1）原料组成

主料：酱牛肉 200 g。

辅料：黄瓜 150 g、蒜 15 g。

调料：食盐 2 g、味精 2 g、米醋 10 g、酱油 25 g、香油 3 g。

（2）制作过程

1）将黄瓜切成丝，加食盐、味精、米醋、香油拌匀。酱牛肉切成长方片。蒜捣成泥，加酱油、味精、香油调成味汁。

2）黄瓜丝放入盘中垫底呈半球形，将牛肉片逐片整齐地围盖在黄瓜丝上，形似馒头即可。

3）上桌时配蒜泥味汁，进行辅助调味。

（3）成菜特点

咸鲜微辣，形状为中间高、周围低的半球形。

二、双拼的制作

把两种不同种类和颜色的半成品或成品冷菜原料拼摆在一起的冷拼称为双拼，见表 8–24。

表 8–24　双拼的技术要点

工艺流程	技术要点
选料	拼摆之前，要有针对性地选择原料。所选择的原料要具有可食用性，便于刀工成形和拼摆，同时还要注意各种原料之间的营养搭配
切配	在切配的过程中要合理用料，在保证形态和质量的前提下，应尽量减少不必要的损耗，使原料物尽其用
拼摆	拼摆时原料色彩搭配要协调，要有计划地合理排列，正确选用排、堆、叠、围、摆等拼摆手法。拼摆的时候要特别注意保持卫生
点缀	拼摆成形后，根据需要在盘中空隙处或适当位置进行恰当的点缀，起到画龙点睛的作用，以使拼盘达到完美

续表

工艺流程	技术要点
辅助调味	根据菜肴味道的要求，针对原料中呈味物质的特点，选择合适的调味品进行辅助调味

双拼（蛋黄糕、巧克力色蛋白糕）

（1）原料组成

主料： 蛋黄糕、巧克力色蛋白糕。

辅料： 黄瓜、胡萝卜。

调料： 辣酱油、麻汁酱。

（2）制作过程

1）码垛。将黄瓜切成均匀一致的细丝，在盘子正中央码垛成圆锥形，顶部略圆滑。将黄瓜切半圆片围在四周，使其整齐美观。胡萝卜切成一定形状，在盘中进行装饰。

2）切片。将准备好的巧克力色蛋白糕与蛋黄糕分别切成长 6.5 cm、宽 1.5 cm、厚 0.3 cm 的片。

3）码面。分别将切好的蛋黄糕片、巧克力色蛋白糕片码成扇形（以 10 ~ 15 片为佳），码片时片与片之间的距离要匀称。

4）拼摆。把码好的片用刀轻轻翘起，均匀对称地拼摆在盘内。

5）点缀。盘内空隙处用黄瓜、胡萝卜适当点缀。

6）辅助调味。配辣酱油和麻汁酱两种味碟。

（3）成菜特点

色泽艳丽，整齐美观，清凉爽口。

三、三拼的制作

把三种不同种类和颜色的半成品或成品冷菜原料拼摆在一起的冷拼称为三拼，见表 8–25。

表 8–25　三拼的技术要点

工艺流程	技术要点
选料	有针对性地选择原料，原料要具有可食用性，便于刀工成形和拼摆，同时还要注意各种原料之间的营养搭配
切配	在切配的过程中要合理用料，在保证形态和质量的前提下，应尽量减少不必要的损耗，使原料物尽其用
拼摆	拼摆时原料色彩搭配要协调，软硬面要很好地结合，要有计划地合理排列，拼摆时，正确选用排、堆、叠、围、摆等拼摆手法。拼摆的时候要特别注意保持卫生
点缀	拼摆成形后，根据需要在盘中空隙处或适当位置进行恰当的点缀，起到画龙点睛的作用，以使拼盘达到完美
辅助调味	根据菜肴味道的要求，针对原料中呈味物质的特点，选择合适的调味品进行辅助调味

三拼（方火腿、胡萝卜、巧克力色蛋白糕）

（1）原料组成

主料：胡萝卜、方火腿、巧克力色蛋白糕。

辅料：黄瓜。

调料：辣酱油、麻汁酱、番茄酱、辣鲜露。

（2）制作过程

1）码垛。将黄瓜切成均匀一致的细丝，在盘子正中央码垛成圆锥形，顶部略圆滑。部分黄瓜切成雀翅形，放于盘中装饰点缀。

2）切片。将准备好的巧克力色蛋白糕、方火腿、胡萝卜分别切成长 6.5 cm、宽 1.5 cm、厚 0.3 cm 的片。

3）码面。将巧克力色蛋白糕片、方火腿片、胡萝卜片码成扇形（以 10 ～ 15 片为佳）。

4）拼摆。把码好的片先铲在刀面上，再均匀对称地拼摆在盘内。

5）点缀。在盘内空隙处适当点缀。

6）辅助调味。配辣酱油、麻汁酱、番茄酱和辣鲜露等几种味碟。

（3）成菜特点

色泽艳丽，整齐美观，清凉爽口。